Philip M.P. Mornya
Fangyun Cheng

Peónia de árvore

Philip M.P. Mornya
Fangyun Cheng

Peónia de árvore

Desenvolvimento do botão floral e mecanismo de floração

ScienciaScripts

Imprint

Any brand names and product names mentioned in this book are subject to trademark, brand or patent protection and are trademarks or registered trademarks of their respective holders. The use of brand names, product names, common names, trade names, product descriptions etc. even without a particular marking in this work is in no way to be construed to mean that such names may be regarded as unrestricted in respect of trademark and brand protection legislation and could thus be used by anyone.

Cover image: www.ingimage.com

This book is a translation from the original published under ISBN 978-620-2-31989-8.

Publisher:
Sciencia Scripts
is a trademark of
Dodo Books Indian Ocean Ltd. and OmniScriptum S.R.L publishing group

120 High Road, East Finchley, London, N2 9ED, United Kingdom
Str. Armeneasca 28/1, office 1, Chisinau MD-2012, Republic of Moldova, Europe
Printed at: see last page
ISBN: 978-620-8-14561-3

Índice

CAPÍTULO 1

Alterações cronológicas nos teores de hormonas vegetais e de açúcar na cv. Ao ShuangÁrvore de floração de outonoPeônia

Philip M.P. Mornya[1,2] , Fangyun Cheng[1]

[1] *Faculdade de Arquitetura Paisagista, Universidade Florestal de Pequim, Pequim 100083, China; Centro Nacional de Investigação em Engenharia Florestal, Laboratório Principal de Genética e Reprodução de Árvores Florestais e Plantas Ornamentais, Pequim 100083, China[2] Escola de Gestão de Recursos Naturais, Universidade de Njala, Serra Leoa*

Resumo

A floração secundária sucessiva é fundamental para a indústria da peónia arbórea. A variação dos níveis de hormonas e açúcares influencia a floração das plantas. Este estudo analisou as alterações quantitativas nos níveis de hormonas endógenas [ácido indol-3-acético (IAA), ácido abscísico (ABA) e ácido giberélico (GA3)] e hidratos de carbono (sacarose, açúcares redutores e amido) nos botões da peónia arbórea 'Ao-Shuang' durante as épocas de floração do outono e da primavera. Foram observados diferentes níveis de hormonas (ABA, IAA e GA3) e de hidratos de carbono (sacarose, açúcar redutor e amido) nos botões floridos da primavera (SFB) e do outono (AFB). Os resultados mostraram um aumento dos níveis de IAA, GA3, sacarose e açúcar redutor, mas uma diminuição dos níveis de ABA e amido durante as fases de desenvolvimento do botão floral de outono (AFB). Este facto contribui provavelmente para a indução da floração no AFB. Comparado com o SFB, o IAA pode ser uma hormona vital para o AFB porque atinge o pico em três fases críticas de desenvolvimento do botão (inchaço do botão, alongamento do rebento e abertura do botão floral). Enquanto que os teores de sacarose e de açúcares redutores aumentam na AFB, os de amido diminuem. SFB mostra tendências semelhantes para sacarose, açúcar redutor e amido. Os resultados sugerem que a peónia cv. Ao-Shuang floresce no outono provavelmente devido à falta de dormência, um fenómeno regulado pelo nível de ABA. Assim, a floração das peónias arbóreas em SFB e AFB pode ser regulada por diferentes combinações de sinais hormonais e de açúcar.

Palavras-chave: Floração outonal; Hormonas; Açúcares; Peónia arbórea

Introdução

A peónia arbórea (*Paeonia suffruticosa* Andr.) é originária da China e é uma planta ornamental magnífica, bonita e atraente (Wister, 1995). A floração é fundamental no desenvolvimento e no ciclo de vida da maioria das plantas. A época da floração determina em grande medida os valores socioeconómicos e culturais das plantas. Na China e no Japão, o cultivo da peónia arbórea é uma prática tradicional na indústria das flores. Assim, a regulação da época de floração da peónia arbórea é fundamental para o fornecimento de flores em vaso e cortadas a estes mercados durante os períodos do Ano Novo e do Festival da primavera (Cheng et al., 2001). A investigação sobre a fisiologia, o crescimento e o desenvolvimento da planta poderia melhorar a qualidade e a taxa de produção de flores.

As peónias arbóreas necessitam de um período de frio antes do desenvolvimento dos rebentos, dos botões e das flores. Os botões de flores crescem nas coroas perenes no final do verão, seguido da senescência dos rebentos e da dormência dos botões. O desenvolvimento dos botões só recomeça após a exposição a um período de frio no inverno. O arrefecimento é normalmente necessário para a libertação da dormência antes da floração das peónias arbóreas na primavera, no outono ou mesmo no inverno em condições forçadas (Aoki c Yoshino, 1989). No entanto, a cv. Ao-Shuang (Fig. 1), uma cultivar mais recente de peónia arbórea lançada por Cheng e Zhao (2008), não segue esta rotina fenológica. Em vez disso, floresce no outono sem vernalização a frio. Isto proporciona uma oportunidade única para explorar a relação entre o frio e a dormência através de estudos comparativos sobre factores fisiológicos como as hormonas e os nutrientes. As peónias, tal como outras plantas com flor, necessitam de hormonas para o crescimento e a manutenção normal dos processos fisiológicos e bioquímicos. As hormonas são elementos críticos do desenvolvimento das plantas que regulam inúmeros processos vegetais, incluindo o desenvolvimento das raízes e das flores, e a divisão e alongamento celular (Liu et al., 2008; Pallardy, 2008). No entanto, os efeitos das hormonas mudam com as alterações das condições ambientais e das estações do ano (Koshita et al., 1999). Por exemplo, sabe-se que o ácido indol-3-acético (IAA), o ácido giberélico (GA) e o ácido abscísico (ABA) atrasam, aumentam e inibem, respetivamente, a germinação dos gomos de verão nos citrinos (Altman, Goren, 1972). Estudos recentes também mostram que os perfis de citocinina em diferentes órgãos da planta mudam com a mudança sazonal em *Abies nordmanniana*. Por exemplo, os níveis de citocinina nos botões apicais são mais baixos em meados de junho e mais elevados no final do verão (Rasmussen et al., 2009). Além disso, os efeitos inibitórios de IAA e ABA exógenos, juntamente com IAA endógeno, são relatados em *Pharbitis nil*; em que GA exógeno induz a floração (Wijayanti et al., 1997).

Figura 1: A peónia arbórea cv. 'Ao-Shuang' com floração de outono (P. suffruticosa) colhida no sítio de Jiufeng do Centro de Recolha de Peónias Arbóreas da Universidade Florestal de Pequim, China, em 2 de outubro de 2010

O crescimento e o desenvolvimento das plantas são também influenciados por nutrientes como a sacarose, a glucose e a frutose, que constituem os principais assimilados da maioria das plantas (Katovich et al., 1998; Pallardy, 2008). A sacarose é o principal hidrato de carbono transportado através da planta, e a decomposição da sacarose é uma fonte vital de energia e de esqueletos de carbono necessários para a síntese de aminoácidos, lípidos e metabolitos (Pallardy, 2008).

Alterações nos níveis de açúcar

também estão associados à floração, e as alterações dos teores de açúcares solúveis regulam os processos de crescimento das plantas. Estudos mostram que os hidratos de carbono regulam o estado de dormência e que a sacarose e a glucose não só inibem o crescimento dos botões em *Euphorbia esula* (Chao et al., 2006), como também influenciam o aparecimento de rebentos, a formação de botões florais e a floração em *Lythrum salicaria* (Katovich et al., 1998).

Por conseguinte, a compreensão das alterações hormonais associadas ao desenvolvimento dos botões florais pode ser útil para transformar racionalmente a indústria da flor da peónia. Até agora, não foi documentada muita investigação sobre os factores que determinam a floração de outono na peónia (Zhang, 2004; Jiang et al., 2007). De facto, não existe praticamente nenhuma documentação na literatura sobre os efeitos das alterações das hormonas endógenas no comportamento da floração da peónia. Ainda menos documentadas estão as variações das hormonas endógenas e dos açúcares nas peónias arbóreas com floração na primavera e no outono. O objetivo deste estudo foi determinar a dinâmica das hormonas endógenas e dos açúcares nos estádios de desenvolvimento dos botões das peónias arbóreas de primavera e de outono cv. Ao-Shuang. Os resultados deste estudo poderão aprofundar os conhecimentos existentes sobre os processos fisiológicos que conduzem à floração outonal da peónia arbórea. Os novos conhecimentos adquiridos permitirão melhorar e adaptar melhor as práticas de produção de flores de peónia arbórea às condições culturais e de mercado.

Materiais e métodos

Recolha de amostras

O estudo foi realizado nas instalações de Jiufeng do Centro de Recolha de Peónias da Universidade Florestal de Pequim durante dois anos consecutivos (2009 e 2010). Um total de 20 plantas de 5 anos da cv. Ao Shuang (*P. suffruticosa*) com vigor de crescimento semelhante em cada estação foram selecionadas para a recolha de amostras. As amostras foram recolhidas de finais de fevereiro a meados de maio e depois de meados de agosto a finais de setembro em 2009 e 2010, correspondendo às estações da primavera e do verão em Pequim, China (Fig. 2).

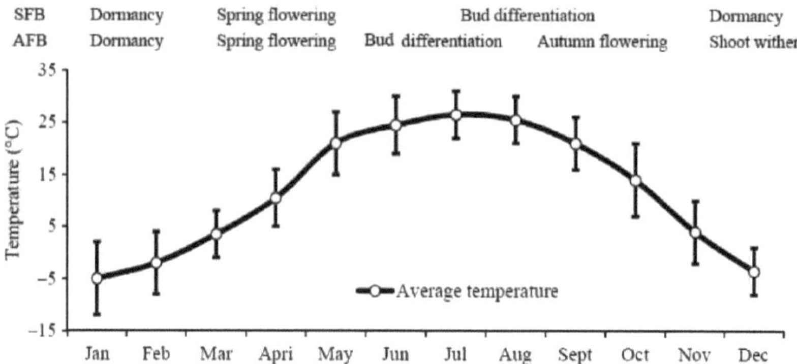

Figura 2: Ciclos de vida da floração de primavera e de outono da cv. Ao-Shuang. O gráfico inferior mostra a temperatura média mensal para 2009-2010, e as barras de erro no gráfico indicam as temperaturas médias mensais mínimas e máximas (fonte: Beijing Global Historical ClimatologyNetworkVersion 1)

Para a amostragem de outono, a eliminação das folhas foi efectuada manualmente em meados de agosto. Seguiu-se a aplicação de GA3 a 500 mg/L por dose. Utilizando um pincel, o GA3 foi aplicado nos botões desenvolvidos (como agente promotor de crescimento) cinco dias após a eliminação das folhas. As plantas da primavera foram deixadas passar pelo frio do inverno para quebrar a dormência. Em seguida, foram recolhidas amostras de gemas antes (BD) e depois (AD) da desfolha e depois do brotamento das gemas, visando as fases 1 a 8 do desenvolvimento das gemas, tal como descrito por Cheng et al. (2001). Estas fases incluem o inchaço dos gomos (S1), o brotamento dos gomos (S2), a emergência dos rebentos (S3), o alongamento dos rebentos (S4), a extensão dos folíolos (S5), o aumento dos gomos florais (S6), a coloração dos gomos florais (S7) e a emergência das flores (S8).

Os botões das amostras foram colhidos com facas esterilizadas e depois enxaguados em água destilada para verificar a contaminação da superfície. As amostras colhidas foram colocadas em caixas de gelo, transportadas para o laboratório, mergulhadas em azoto líquido (N2) e armazenadas a -80⁰ C até à preparação completa para as análises hormonais e de açúcares.

Extração, purificação e análise de ABA, IAA e GA3

Com ligeiras modificações, a extração das hormonas endógenas baseou-se no procedimento descrito por Chen et al. (1991). Os níveis de cada uma das hormonas endógenas ABA, IAA e GA3 foram determinados utilizando 0,5 g de gomos frescos. Os gomos foram triturados em 10 ml de metanol 80% frio com cobre até obter um homogenato completo, e depois transferidos para tubos de ensaio. Cerca de 20 mg de antioxidante polivinilpolipirrolidona (PVP) foram adicionados ao homogenato, bem misturados no agitador durante 10 min e incubados durante a noite a 4 oc. Na manhã seguinte, o sobrenadante foi transferido para um tubo de ensaio de 10 ml e centrifugado a 6000 rpm durante 20 minutos. O resíduo foi re-extraído em 2 ml de metanol frio durante 12 horas e centrifugado novamente a 6000 rpm durante 20 min, antes de finalmente descartar o pó. Os extractos combinados, após adição de 2-3 gotas de NH3, foram aquecidos até à fase aquosa a 35-40 oc utilizando um evaporador rotativo. Em seguida, a fase aquosa foi dissolvida em água destilada e a solução foi ajustada com HCl 1N para pH 2,5-3,0. Em seguida, extraiu-se mais três vezes em volumes iguais de acetato de etilo. A fração combinada de acetato de etilo foi novamente condensada até à secura. O resíduo foi dissolvido em metanol aquoso a 80%, purificado numa coluna Cis e o eluído evaporado até à secura. O resíduo foi recolhido, dissolvido em metanol e seco sob gás N2. Os extractos purificados foram dissolvidos em metanol a 50%, filtrados através de uma membrana de 45 µl e submetidos a cromatografia líquida de alta resolução (HPLC). A aplicação de padrões não internos e a análise hormonal foram efectuadas em Agilent HP 1100 (Agilent Technologies, CA, EUA) assistida por computador, equipada com desgaseificador de vácuo, amostrador automático, bomba quandária, compartimento de coluna termostática e detetor de díodos. As condições da HPLC foram as seguintes Coluna ZORBAX RX-Cs (250 × 4,6 mm); fase móvel (3% de metanol e 97% de ácido acético 0,1 M) para determinação de IAA, GA3 e ABA após filtração através de membrana filtrante de 0,45 µm; comprimento de onda de deteção das diferentes hormonas (IAA = 280 nm, ABA = 260 nm, GA3 = 210 nm); e caudal de autoinjeção de 10µl a 1 ml/min. As hormonas foram quantificadas comparando as áreas dos picos das amostras com amostras padrão (Sigma Chemical Co. USA).

Extração e análise de açúcares solúveis

Depois de 1,0 g de material fresco do botão ter sido moído em 20 ml de água destilada, o poder foi extraído em banho-maria a 80^0 C durante 30 min. A suspensão foi centrifugada durante 10 minutos a 6000 rpm. O sobrenadante foi utilizado para determinar a sacarose e o açúcar redutor, e o pellet para determinar o amido. O açúcar redutor foi determinado colorimetricamente com ácido dinitrosalicílico. A sacarose e o amido foram determinados (utilizando o reagente de antrona com glucose como padrão) pelo método colorimétrico de antrona, tal como modificado para a determinação de açúcares não redutores (Xue, Xia, 1985). A absorvância foi então determinada utilizando um espetrofotómetro (TU-1901).

Análise estatística

Todas as análises estatísticas foram efectuadas utilizando o software SPSS (Statistical Package for Social Scientists). A média das hormonas-alvo e dos hidratos de carbono foi utilizada numa análise ANOVA unidirecional para determinar o nível de significância a $p<0,01$.

Resultados e discussões

Efeito Hormonal no Botão. Crescimento, Desenvolvimento e Floração

Os resultados mostraram uma variação significativa nos níveis de ABA endógeno nos botões florais da primavera e do outono da peónia arbórea cv. Ao-Shuang, desde antes da desfoliação (BD) até à fase de emergência dos rebentos (S3). Na fase inicial de desenvolvimento do botão, o nível de ABA foi mais elevado no botão floral de primavera (SFB) do que no botão floral de outono (AFB) (Fig. 3A). A diferença no estágio inicial de crescimento foi estatisticamente significativa com $p < 0,01$

quando a temperatura da primavera (fevereiro-março) é mais baixa e a temperatura do outono (agosto-setembro) é mais alta. No entanto, no estágio de crescimento médio a tardio, a diferença no conteúdo de ABA entre SFP e AFB foi insignificante. A diferença de temperatura nesta fase também não foi significativa. Isto sugere que as condições fisiológicas das gemas foram muito influenciadas pelo regime de temperatura.

Em geral, o efeito hormonal no crescimento e desenvolvimento das plantas varia não só com o tipo de hormona e as espécies vegetais, mas também com as condições ambientais sazonais. Estudos recentes sugerem que os perfis de citocininas em *Abies nordmanniana* mudam com a estação (Rasmussen et al., 2009). Por conseguinte, o elevado teor de ABA na fase inicial de crescimento no SFB não é totalmente surpreendente. Isto deve-se ao facto de os níveis de temperatura serem mais baixos nesta fase; durante esse período, o SFB estava em dormência ou em transição da endo-dormência para a ecodormência. Esta condição está associada a um elevado teor de ABA nas plantas (Altman e Goren, 1972; Rinne et al., 1994). Numa fase de crescimento semelhante, o nível de ABA na AFB era baixo, o que indica que a AFB não estava em dormência na altura em que a SFB estava em dormência ou a sair da dormência de inverno. Com temperaturas mais quentes em abril e maio (Figs. 2 & 3A), o ABA diminuiu para um nível semelhante ao da AFB. Isto sugere ainda que existe uma ligação entre a temperatura e o nível de ABA, que pode influenciar a libertação da dormência, o aparecimento de gemas e o recrescimento da peónia arbórea.

O baixo nível de ABA observado na AFB neste estudo contribuiu provavelmente para induzir a floração de outono na cv. Ao-Shuang com floração de outono. O nosso resultado é consistente com os trabalhos de Altman e Goren (1972) e Wijayanti et al. (1997), que observaram efeitos inibitórios do ABA na germinação de botões e na floração em citrinos e *Pharbitis nil*, respetivamente. No entanto, discorda dos resultados de Harada et al. (1971) e Nakayama e Hashimoto (1973), que registaram efeitos de promoção do ABA na íris preta e na *Pharbitis nil*. A discrepância pode dever-se às diferenças entre as espécies vegetais e as condições ambientais/solo.

Foram registados níveis elevados de IAA nas fases de extensão do rebento (S3) e floração (S8) no

SFB. No entanto, na AFB, os níveis de IAA foram elevados nas fases de inchamento do rebento (S1),

alongamento do rebento (S4) e abertura do botão floral (S7) (Fig. 3B). Curiosamente, os níveis tri-

picos de IAA em AFB coincidiram com as fases com níveis relativamente baixos de IAA em SFB.

Isto sugere que as condições ambientais, como a temperatura e as variações sazonais, influenciaram

os níveis endógenos de IAA. Na AFB, a produção endógena de IAA pode estar relacionada com a

formação do botão floral, crescimento do botão e antese. Foi observado em citrinos (Koshita et al.,

1999; Koshita e Takahara, 2004) e castanheiro (Liu et al., 2008) que a IAA endógena aumenta

significativamente durante o crescimento dos botões.

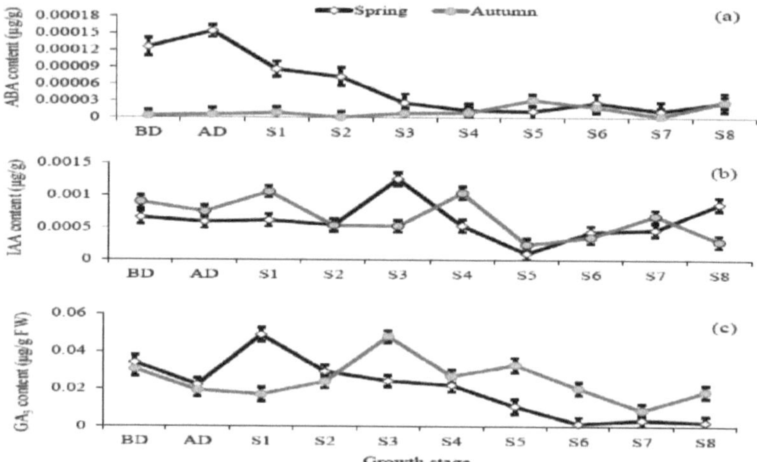

Figura 3: Alterações nos teores de ABA (A), IAA (B) e GA3 (C) da peónia arbórea 'Ao Shuang' em floração

na primavera e no outono. Na abcissa, BD e AD denotam os teores de peso fresco das hormonas antes e depois

da desfoliação, respetivamente. S1-S8 indica os estádios de crescimento desde o inchaço dos botões até à

floração (Cheng et al., 2001). Os valores são médias de três extrações replicadas para cada estágio de

desenvolvimento do botão nas safras de 2009 e 2010. As barras de erro denotam o ± desvio padrão.

Foram observados níveis elevados de IAA na AFB em S1, S4 e S7; fases com metabolismo fisiológico

10

óbvio relacionado com o crescimento dos gomos (ver também Pallardy, 2008). Isto sugere que o IAA pode ser um elemento crítico que induz e promove o crescimento e o desenvolvimento de

AFB. Para o SFB, o IAA atingiu o pico apenas em S3 e S8 durante o desenvolvimento do botão da peónia cv. Ao-Shuang durante o desenvolvimento do botão da peónia arbórea. O pico de IAA em S8 pode ser devido ao crescimento contínuo da planta SFB após a antese; que foi necessário para o desenvolvimento da semente e diferenciação da próxima geração de botões. Como o nível de IAA está normalmente associado à atração de nutrientes (Koutinas et al., 2010), o nível elevado de IAA pode dever-se à elevada procura de nutrientes em S8 do desenvolvimento dos gomos. Pelo contrário, os rebentos da cv. Ao-Shuang murcharam completamente após a floração; o que prepara o caminho para a vernalização invernal. O baixo nível de IAA na AFB em S8 pode, portanto, ser devido à baixa demanda de nutrientes nesta fase.

Embora os estágios de pico fossem diferentes, as tendências no nível de GA3 eram muito semelhantes para SFB e AFB. Enquanto o GA3 atingiu o pico em S1 no SFB, ele atingiu o pico em S3 no AFB (Fig. 3C). Para os outros estágios de desenvolvimento, a tendência do GA3 no broto para o SFB foi semelhante à do AFB. No entanto, foi ligeiramente maior no AFB do que no SFB. Em geral, o nível de GA3 aumentou com o progresso da brotação (S1) no SFB. Isso sugere que as temperaturas do início da primavera podem induzir uma alta produção de GA3, o que promove a quebra de dormência. O alto nível de GA3 na AFB também coincidiu com os estágios de brotação completa e surgimento de botões florais. Isto sugere ainda que o GA3 elevado induziu o desenvolvimento de botões florais nos botões florais de outono (AFB).

Embora estudos anteriores sugiram que o GA3 tem um efeito inibitório (Koshita et al., 1999; An et al., 2008) ou nenhum (Garner e Armitage, 1996) na formação de botões florais, o nosso estudo mostrou que o GA3 pode estar associado à formação de botões florais. Vários outros estudos também

11

atribuíram a floração a níveis elevados de GA3 (Cheng et al., 2005; Liu et al., 2008). De facto, o GA3 está geralmente implicado na promoção do brotamento de botões em peónias herbáceas (Cheng et al., 2005, 2009) e na substituição do arrefecimento na libertação da dormência (Cheng et al., 2005). Foi observado neste estudo que o GA3 funciona mais ou menos como um promotor de crescimento, e não como um agente de libertação de dormência na AFB. Isso porque os estágios em que ocorreram altos níveis de GA3 foram caracterizados pela abertura total dos brotos, rápido desenvolvimento de brotos, alta produção de giberelina e aumento da mitose (Pallardy, 2008). Não foram observados níveis elevados de GA3 na fase de libertação da dormência (SI), que é o início do recrescimento da peónia arbórea (Cheng, 2009). Este facto pode também justificar a ausência de dormência na cv. Ao-Shuang com floração de outono.

Interação com hormonas endógenas

Estudos sugerem que o crescimento e o desenvolvimento das plantas são influenciados pelo equilíbrio ou pelos efeitos opostos das hormonas (Pallardy, 2008). No presente estudo, observou-se que o teor de IAA na SFB e na AFB apresentava uma tendência inversa em quase todas as fases de crescimento. Por outras palavras, níveis elevados de IAA na AFB coincidem com níveis baixos de IAA na SFB e vice-versa (Fig. 3B). Após o estádio S3, foram registados níveis baixos de GA3 no SFB contra níveis elevados no AFB (Fig. 3C). Além disso, baixos níveis de IAA no SFB no estádio SI coincidiram com altos níveis de GA3 e baixos níveis de ABA no AFB. Também na fase SI, o alto nível de IAA na AFB coincidiu com baixos níveis de ABA e GA3 na SFB. Da mesma forma, níveis decrescentes de ABA coincidiram com níveis crescentes de GA3 no SI (Fig. 3A, C). Isto sugere que IAA, GA3 e ABA podem atuar simultaneamente no mesmo local mas com efeitos opostos durante a libertação da dormência e a floração na cv. Ao-Shuang SFB e AFB. Existe portanto uma relação funcional aparente entre estas hormonas. É possível que um nível mais elevado de IAA, GA3 ou um nível mais baixo de ABA tenha induzido a floração de outono na cv. Ao-Shuang.

Efeito dos nutrientes no crescimento do botão. Crescimento, Desenvolvimento e Floração

Existiam diferenças nas tendências dos hidratos de carbono nas plantas SFB e AFB nos vários estádios de desenvolvimento (Fig. 4). Nos estádios iniciais de crescimento (AD - SI), as concentrações de sacarose e de açúcares redutores (glucose e frutose) eram mais elevadas no SFB do que no AFB. Mas no brotamento (S2) e na emergência dos rebentos (S3), estas diferenças quase desapareceram. No SFB, os níveis de sacarose e açúcares redutores aumentaram nos estágios de desenvolvimento do botão floral (S4 e S5), caíram no estágio de abertura do botão floral (S7), e depois aumentaram novamente no estágio de floração (S8). Por outro lado, os níveis de sacarose e açúcares redutores na AFB diminuíram inicialmente, mas aumentaram gradualmente nas fases de brotamento do botão (S2) e emergência do rebento (S3). Depois disso, os níveis de sacarose e açúcares redutores estabilizaram relativamente durante o resto do período de crescimento na AFB (Figs. 4A & B).

Para o SFB, a tendência do amido foi quase idêntica à da sacarose e dos açúcares redutores. A única exceção é a fase inicial do desenvolvimento dos gomos, em que o baixo nível de amido coincidiu com o alto nível de sacarose e de açúcares redutores (Fig. 4C). Para a AFB, o nível de amido aumentou inicialmente e depois diminuiu com o florescimento de novos órgãos vegetativos. Esta tendência manteve-se nas restantes fases de crescimento (S3, S4 e S5), atingindo o ponto mais baixo na fase de extensão dos folíolos (S5) (Fig. 4C). Nas fases iniciais de crescimento dos gomos (BD - S3), verificou-se uma diminuição dos níveis de amido nos gomos florais de outono (AFB), indicando que o amido pode ser altamente utilizado pelos AFB nestas fases. Como observado em *Pinus sylvestris* (Fischer e Holl, 1991), a degradação do amido pode aumentar os níveis de açúcar que são muito necessários para satisfazer as necessidades energéticas para o broto e a emergência de rebentos na cv. Ao-Shuang.

Não houve diferença significativa nas tendências de sacarose, açúcares redutores e amido entre os estágios de desenvolvimento do botão no SFB (Fig. 4). Isto sugere que os requisitos da planta para estes açúcares eram semelhantes em vários estádios de desenvolvimento do botão floral. Em contraste, os níveis de amido na AFB diminuíram ainda mais nas fases iniciais do crescimento vegetativo (S3-S5) com uma tendência constante de açúcar redutor. Esta tendência de redução do açúcar em amido, associada a uma acumulação constante de sacarose e depois a baixos níveis de amido nas fases de crescimento ativo, pode ter favorecido a floração de outono na cv. Ao-Shuang.

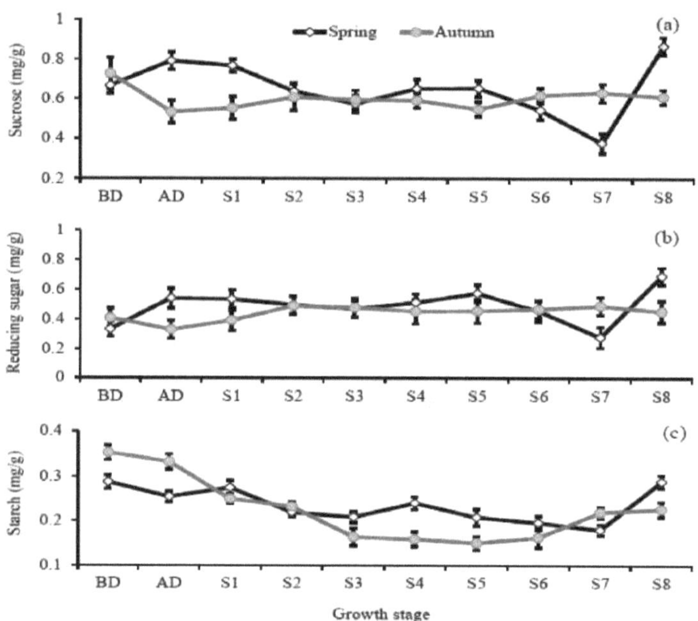

Figura 4: Alterações nos teores de peso fresco de sacarose (A), açúcar redutor (B) e amido (C) na peónia arbórea 'Ao Shuang' em floração na primavera e no outono. Na abcissa, BD e AD indicam os teores de açúcares antes e depois da desfolha, respetivamente. Sl-S8 indica os estádios de crescimento desde o abrolhamento até à floração (Cheng et al., 2001). Os valores são as médias de três extracções replicadas para cada fase de desenvolvimento dos gomos nas colheitas de 2009 e 2010. As barras de erro denotam o desvio padrão.

Apesar das diferenças, os níveis de sacarose e de açúcares redutores em S2 e S3 e os níveis de amido

14

em S2 do desenvolvimento dos gomos foram semelhantes para a peónia arbórea com floração de primavera e de outono (Fig. 4A, B e C). Isto pode ser devido ao aumento drástico da taxa de respiração quando a planta quebra a dormência, levando à abertura dos botões e à emergência dos rebentos. Durante as fases iniciais do crescimento dos rebentos, há uma elevada taxa de produção de clorofila, componentes estruturais e proteínas, resultando em actividades catabólicas elevadas que suportam as necessidades energéticas dos rebentos jovens (Kozlowski, 1992). A elevada taxa de utilização de hidratos de carbono pode anular os níveis disponíveis tanto no SFB como no AFB em S2 e S3 do desenvolvimento do rebento. Isto sugere que a hidrólise dos hidratos de carbono é um fator crítico para a germinação dos gomos e o crescimento dos rebentos. Além disso, o nível de amido na AFB diminuiu com o florescimento de novas partes vegetativas e com o crescimento dos gomos (Fig. 4C). Este fenómeno pode dever-se à utilização das reservas de hidratos de carbono armazenadas para apoiar o desenvolvimento dos rebentos/gomos de flores. Isto sugere ainda que as actividades de sumidouro podem determinar significativamente a reserva de amido nas plantas com flor.

Na Fig. 4, os níveis de sacarose, açúcares redutores e amido no estádio de floração (S8) aumentaram mais rapidamente no SFB do que no AFB. Este facto pode ser explicado pelos destinos distintos dos desenvolvimentos futuros em SFB e AFB. Após a floração, os rebentos SFB continuaram a crescer durante o verão e o outono para apoiar o desenvolvimento das sementes, a frutificação e a diferenciação dos rebentos da geração seguinte. Os rebentos AFB, por outro lado, deixaram de crescer e murcharam gradualmente durante o período de inverno. Os hidratos de carbono acumulados na peónia arbórea podem ser necessários nas plantas com floração primaveril para apoiar a formação de novos botões florais, que normalmente começa um mês após a floração completa (Barzilay et al., 2002).

Em ambas as estações, a sacarose continua a ser aparentemente o açúcar principal, seguido dos açúcares redutores e depois do amido. Este facto é largamente consistente com a dinâmica sazonal dos hidratos de carbono observada noutras espécies de plantas perenes (Kozlowski, 1992; Katovich et al., 1998, Pallardy, 2008), mas difere da de Liu et al. (2008), que referiram que o açúcar é irrelevante na floração anormal do castanheiro. Por conseguinte, pode concluir-se que, apesar das variações sazonais, a sacarose foi a principal fonte de hidratos de carbono na peónia arbórea. Isto pode resultar principalmente da transformação do amido armazenado para fornecer energia e esqueleto de carbono para a síntese de aminoácidos, lípidos e metabolitos necessários para o crescimento da planta.

Dormência da peónia arbórea e crescimento dos botões florais

A dormência é uma condição crítica para regular a floração nas plantas de peónia. Tanto as peónias arbóreas como as herbáceas necessitam de um período de baixa temperatura de $\approx 5,6^0$ C (Aoki e Yoshino, 1989) ou de um tratamento com GA3 para substituir o arrefecimento (Cheng et al., 2005) para a libertação da dormência. Neste estudo, nota-se que as interações de hormonas e açúcares podem regular a dormência dos botões e o crescimento da peónia. Como observado noutras espécies de plantas (Kozlowski, 1992; Katovich et al., 1998), a sacarose e os açúcares redutores também inibiram o crescimento dos gomos no SFB. Níveis mais elevados destes açúcares foram registados no SFB em AD - S1. Isto coincidiu com a dormência ou a transição da endo-dormência para a eco-dormência. A tendência inversa foi registada na AFB, onde os baixos níveis de sacarose e açúcares redutores corresponderam ao período de dormência. Enquanto se registaram baixos níveis de amido nas fases (BD e AD) em que o SFB estava em dormência, registaram-se níveis elevados no AFB. Isto também sugere que não ocorreu dormência na AFB, uma vez que baixos níveis de amido e altos níveis de sacarose estão associados à dormência (ver também Katovich et al. 1998). Especialmente no início da libertação da dormência (i.e. S1), a tendência do GA3 e a do ABA e da sacarose estavam geralmente relacionadas de forma inversa.

O estudo também mostrou que a sacarose possivelmente inibiu a produção de GA3 durante a dormência da peónia arbórea. De facto, nota-se que a sacarose inibe a produção de GA3 em botões de raiz de *Euphorbia esula* (Katovich et al., 1998). Devido aos altos níveis de amido durante a libertação da dormência, os efeitos combinados da sacarose/açúcares redutores e GA3 poderiam regular o metabolismo do amido na peónia. Isto mostra que os hidratos de carbono também podem regular a dormência na peónia cv. Ao-Shuang (Katovich et al., 1998; Chao, 2006).

Conclusões

Este estudo determinou com sucesso a dinâmica hormonal e de açúcar associada à floração da peónia arbórea, uma planta ornamental, socioeconómica e cultural valiosa na China e noutras regiões. A interação entre as hormonas e os açúcares parece estar envolvida na regulação da floração da peónia arbórea. Os presentes resultados revelaram que os níveis de hormonas nos botões florais da primavera (SFB) eram diferentes dos níveis dos botões florais do outono (AFB). Assim, a regulação da floração na primavera e no outono pode ser desencadeada por diferentes combinações de sinais hormonais e de açúcar. Em todas as fases de desenvolvimento do botão floral, houve não só um aumento dos níveis de IAA, GA_3, sacarose e açúcar redutor no AFB, mas também uma diminuição dos níveis de ABA e amido. Isto contribuiu provavelmente para induzir a floração de outono nas peónias arbóreas com floração de outono "Ao-Shuang". Além disso, as alterações quantitativas das hormonas endógenas e dos hidratos de carbono nas fases de desenvolvimento dos botões florais podem ser influenciadas por variações sazonais e condições ambientais como a temperatura. A combinação destas forças é o possível regulador da floração na peónia cv. Ao-Shuang.

Agradecimentos

Este trabalho foi apoiado pelo Programa Nacional de Apoio à Ciência e Tecnologia da China (2006BAD01A1801), pelo Projeto Chave para a Investigação Científica Florestal (2006-40) e pelo Projeto Co-construtivo do Comité de Educação de Pequim (2009). Agradecemos os valiosos contributos dos revisores anónimos e da Dra. Juana P. Moiwo.

Referências

Altman A., Goren R., 1972. Ciclos de crescimento e dormência em culturas de gemas de citrinos e seu controlo hormonal. Fisiologia Vegetal, 30: 240-245.
An L.J, Jin L., Yang C.Q., Li T.H., 2008. Efeito e mecanismo funcional da ação das giberelinas exógenas na floração do pêssego. Ciências Agrícolas na China, 7(11): 1324-1332.
Aoki N., Yoshino S., 1989. Estudos sobre o forçamento da peónia arbórea (*Paeonia suffruticosa*

Andr.). Bula. Fac. Agr. ShimaneUniversity, 23: 216-221.

Barzilay A., Zemah H., Kamenetsky R., 2002. Ciclo de vida anual e desenvolvimento floral da peónia 'Sarah Bernhardt' em Israel. HortScience, 37(2): 300-303. **Chao W.S., Serpe M.D., Anderson J.V., Gesch R.W., Horvath D.P., 2006**. Açúcares, hormonas e ambiente afectam o estado de dormência em gemas adventícias subterrâneas de *Euphorbiaesula*. Weed Science, 54:59-68.
Chen H.J., Wang T.H., Jin Y., 1991. Determinação da quantidade de IAA em plantas usando o método GC-MS-SIM. Imprensa da Universidade Florestal de Pequim, 13(3): 56-61. **Cheng F.Y., Zhao D.X., 2008**. Uma nova cultivar de re-floração outonal em *Paeonia x suffruticosa* (Tree Peony) 'Aoshuang'. Scientia Silvae Sinicae, 44(7): 142. **Cheng F.Y., Aoki N., Liu Z.A., 2001**. Desenvolvimento de peónias forçadas e estudo comparativo do efeito de pré-refrigeração em cultivares chinesas e japonesas. Journal of the Japanese society for Horticultural Science, 70(1):46-53.
Cheng F.Y., Zhang W.J., Yu X.N., Chai X.L., Yu R.Q., 2005. Effects of gibberellins and rooting powder on the forcing culture of *Paeonia lactiflora* 'Da Fugui'. Acta HorticulturaeSinica, 32:1129-1132.
Cheng F.Y., Zhong Y., Long F., Yu X.N., Kamenetsky R., 2009. Peónias herbáceas chinesas: Seleção de cultivares para forçar a cultura e efeitos do arrefecimento e da giberelina (GA3) no desenvolvimento das plantas. Israel Journal of Plant Sciences, 57: 357-367. **Fischer C., Holl W., 1991**. Food reserves in Scot pine (*Pinus sylvestris* L.) I. Seasonal changes in the carbohydrate and fat reserves of pine needles. Árvores, 5: 187-195. **Garner J.M., Amitage A.M., 1996**. As aplicações de giberelina influenciam a calendarização e a

floração do Limonium 'Misty Blue'. Hortscience, 31: 247-248.

Harada H., Bose T.K., Cheruel J., 1971. Efeitos de quatro produtos químicos reguladores de crescimento na floração de pharbitis *nil*. Z Pflanzenphysiol, 64: 267-269.

Jiang Z., Lu Z.A., Wang L.S., Shu Q.Y., 2007. Relação entre os tipos de diferenciação do botão floral e o forçamento da floração secundária sucessiva de peónias de árvores. ActaHorticlturae Sinica, 34(3):683-687.
Katovich E.J.S., Becker R.L., Sheaffer C.C., Halgerson J.L., 1998. Flutuações sazonais dos níveis de hidratos de carbono nas raízes e na coroa de purple loosestrife (*Lythrum salicaria*).WeedScience, 46:540-544.
Koshita Y., Takahara T., 2004. Efeito do stress hídrico na formação de botões de flores e na planta

Teor de hormonas da tangerina Satsuma (*Citrus unshiu* Marc.). Scientia Horticulturae, 99: 301-307.

Koshita Y., Takahara T., Ogata T., Goto A., 1999. Envolvimento de hormonas vegetais endógenas (IAA, ABA, GAs) na formação de folhas e botões florais da tangerina Satsuma (*Citrus unshiu* Marc.). Scientia Horticulturae, 79:185-194.
Koutinas N., Pepelyankov G., Lichhev V., 2010. Indução floral e desenvolvimento de botões florais em macieira e xerez doce. Biotecnologia e Equipamentos Biotecnológicos, 24(1):1549-1558.
Kozlowski T.T., 1992. Fontes e sumidouros de hidratos de carbono em plantas lenhosas. Bot. Rev., 58: 107-222.

Liu T., Hu Y.Q., Li X.X., 2008. Comparação das alterações dinâmicas das hormonas endógenas e do açúcar entre *Castanea mollissima* anormal e normal. Progress in NaturalScience , 18:685-690.

Nakayama S., Hashimoto T., 1973. Efeitos do ácido abscísico na floração de *Pharbilis nil*. PlantCellPhysiology , 14:419-422.

Pallardy S.G., 2008. Physiology of woody plants. 3rd ed., Elsevier Inc. EUA: 39-377.

Rasmussen H.N., Veierskov B., Hansen-Moller J., Norb½k R., Nielsen U.B., 2009.

Perfis de citocininas na árvore conífera *Abies nordmanniana*: Whole-plant relations in year-round perspective. Journal Plant Growth Regulation, 28: 154-166.

Rinne P., Saarelainen A., Juntilla O., 1994. Cessação do crescimento e dormência dos gomos em relação ao nível de ABA em plântulas e rebentos de talhadia de *Betulapubescens* afectados por um fotoperíodo curto, stress hídrico e arrefecimento. Planta, 90: 451-458.

Wijayanti L., Fujioka S., Kobayashi M., Sakurai A., 1997. Involvement of abscisic acid and indole-3-acetic acid in the flowering of *Pharbitis nil*. Journal Plant Growth Regulation, 16:115-119.

Wister J.C., 1995. As peónias. Sociedade Americana de Peónias, Hopkins, MN: 140-173.

Xue Y.L., Xia Z.A., 1985. The handbook of plant physiology. 1st ed. Shanghai Technology and Science Publishing House Press, Shanghai: 134-135. **Zhang X.X., 2004**. Estudos sobre a cultura forçada de peónias de outono no campo e a sua fisiologia de re-floração. [Tese de doutoramento] Universidade Florestal de Pequim: 1-127.

CAPÍTULO 2

Níveis de hormonas e hidratos de carbono nas peónias arbóreas com floração outonal e não outonal

Philip M. P. Mornya[1,2] e Fangyun Cheng[1]

[1] *National Flower Engineering Research center, College of Landscape Architecture, Beijing Forestry University, Beijing 100083, China.*

[2]*Escola de Gestão de Recursos Naturais, Campus de Njala, Universidade de Njala, Serra Leoa.*

Resumo

Este estudo analisou os níveis das hormonas ácido giberélico (GA3), ácido indol-3-acético (IAA), citocinina (CTK) e ácido abscísico (ABA), juntamente com os níveis de sacarose, açúcar redutor e hidratos de carbono de amido nas fases de indução, iniciação e diferenciação do desenvolvimento dos botões em cultivares de peónias arbóreas com floração outonal (AFP) e não outonal (NAFP) que exibem variações no padrão de floração. As hormonas e os hidratos de carbono foram determinados por cromatografia líquida de alta eficiência e espetrofotómetro, respetivamente. O desenho experimental utilizado foi o de blocos completos aleatórios com três (3) repetições. A variação no padrão de floração entre a AFP e a NAFP foi largamente influenciada pelas diferenças nos níveis de GA3, IAA e CTK em diferentes fases de desenvolvimento dos botões. O ciclo de formação de flores foi completado mais cedo na AFP do que na NAFP, daí a floração duas vezes por ano. A CTK, particularmente a N6-(Δ2-isopentenil)-adenosina (iPA), pode ser uma hormona crítica na floração outonal da peónia arbórea, uma vez que as suas diferenças nos níveis entre a AFP e a NAFP permaneceram significativas ao longo dos estádios de desenvolvimento dos gomos. Os resultados revelaram que os níveis de CTK foram consistentemente mais elevados na AFP do que na NAFP, mas o inverso é verdadeiro para GA3. As diferenças nos níveis de GA3, IAA e CTK entre AFP e NAFP foram significativas ($p<0,05$) para pelo menos 2/3 dos estádios de desenvolvimento dos gomos. Os hidratos de carbono podem não influenciar significativamente o padrão de floração da peónia arbórea.

A floração de outono em peónias arbóreas pode, portanto, ser alcançada através da regulação dos níveis de GA3, IAA e CTK, particularmente nas fases de indução e iniciação do desenvolvimento do botão para facilitar a conclusão do ciclo de formação floral, muito antes do período de dormência do botão. Os resultados deste estudo podem estabelecer a base científica para estratégias de floração "fora de época" para uma floração orientada para o mercado na indústria da peónia arbórea.

Palavras-chave: Floração outonal; Hidratos de carbono; Hormonas vegetais; Peónia arbórea

Introdução

A peónia arbórea (*Paeonia suffruticosa* Andr.) é amplamente cultivada como cultura de jardim pelas suas belas flores, fragrância agradável, cor esplêndida e também por razões culturais na China. A regulação do crescimento e da floração são práticas críticas na produção comercial de flores de peónia arbórea (Cheng, 2001). Embora a floração de outono seja comum nas plantas hortícolas, é rara nas peónias arbóreas. Mas, nos últimos tempos, muito poucas cultivares de peónias arbóreas exibiram duas vezes a floração no ano, das quais a cv. Ao Shuang é a única cultivar com floração estável nas estações da primavera e do outono na China (Cheng e Zhao, 2008). Esta segunda floração ocorre sem vernalização a frio e, embora estranha, é um desvio favorável das condições normais de floração. Apesar da abundância de espécies e cultivares de peónia arbórea na China, as cultivares de floração outonal são raras. É, portanto, importante desenvolver a peónia arbórea de floração dupla para satisfazer a procura do mercado em rápida expansão.

Os botões desenvolvidos da cv. Ao Shuang na nossa base experimental (dados ainda não publicados) também floresceu continuamente no outono durante alguns anos sem passar por um período de frio. Tal condição é rara noutras cultivares de peónias arbóreas como a cv. Luoyang Hong. Isto torna as cultivares de dupla floração únicas e competitivas na indústria da peónia arbórea e fornece a base para estudos comparativos sobre os factores fisiológicos (por exemplo, hormonas e nutrientes) das peónias arbóreas. Os resultados do estudo aprofundarão os conhecimentos existentes sobre os princípios subjacentes que regem as diferenças no padrão de floração da planta.

A duração de cada fase da formação da flor influencia o momento da floração, que por sua vez determina os valores comerciais das plantas. A formação dos botões florais inclui a transição dos meristemas vegetativos para as estruturas produtivas. Normalmente, a formação das flores da peónia arbórea começa em junho, cerca de um mês após a plena floração; a transição dos meristemas vegetativos para os meristemas generativos completa-se em julho e agosto de cada ano. A diferenciação continua em setembro e outubro até os botões entrarem em estado de dormência (Wang et al., 1998). A formação da flor envolve três fases principais, nomeadamente: indução do botão, iniciação e diferenciação (Wilkie et al., 2008). A indução da flor é a resposta do ápice ao estímulo floral e a assinatura morfológica desta fase é o ápice alargado do rebento. A iniciação da flor é a transição do meristema de estruturas vegetativas para estruturas generativas e envolve uma série de mudanças que são morfologicamente denominadas como domação do meristema apical (Barzilay et al., 2002). A diferenciação da flor envolve o desenvolvimento morfológico do primórdio floral.

A evocação do ápice dos botões vegetativos para os botões florais é um processo complexo que é regulado por muitos factores, incluindo factores fisiológicos como as hormonas endógenas (Koshita et al., 1999) e os hidratos de carbono (Pallardy, 2008). Estes factores influenciam grandemente a diferenciação e o desenvolvimento de células, tecidos e órgãos. No entanto, os efeitos das hormonas na formação das flores variam mesmo dentro da mesma espécie de planta. Por exemplo, estudos sobre o castanheiro (Liu et al., 2008) mostraram que a influência do ABA na floração varia dentro da mesma espécie. De facto, Bernier et al. (1981) observaram que o efeito do ABA no padrão de floração não só é diverso, como também depende da espécie.

Embora as hormonas endógenas estejam associadas à floração outonal das peónias arbóreas (Zhang 2004), pouco se sabe sobre as suas alterações quantitativas nas peónias arbóreas com floração outonal. Existe, portanto, a necessidade de determinar os níveis de hormonas endógenas e hidratos de carbono em fases críticas de desenvolvimento do botão em peónias de árvores, o que é essencial para o desenvolvimento de estratégias de re-floração "fora de época" ou forçar culturas de floração orientadas para o mercado na indústria da peónia. Assim, a tarefa de investigação deste estudo foi investigar a diferença nos níveis de hormonas endógenas e hidratos de carbono em cultivares de peónias de outono (AFP) e não outonais (NAFP) durante as fases de indução, iniciação e diferenciação dos botões.

Materiais e métodos

Materiais vegetais

A experiência foi realizada em duas épocas de cultivo consecutivas de 2009 e 2010 em cultivares de peónia arbórea com floração outonal (cv. Ao Shuang) e não outonal (cv. Luoyang Hong) com 6 anos de idade. A experiência foi realizada no Centro de Coleção de Peónias Jiufeng da Universidade Florestal de Pequim, China. Foi utilizado um esquema de blocos completos aleatórios com três repetições. Foram selecionadas para o estudo 20 amostras de plantas (10 para cada cultivar) cultivadas nas mesmas condições de campo (com temperaturas médias diurnas e nocturnas de 30^0 C e 19^0 C, respetivamente, e humidade relativa média de 70%).

Tratamentos de plantas e amostragem

Antes da recolha de amostras, foram realizadas práticas agronómicas básicas, como a terraplanagem, a fertilização e a poda. Especificamente, a recolha de amostras para ambas as cultivares foi feita durante a fase de indução (em 5 de junho[th], 12th & 19th), fase de iniciação (em 7 de julho[th], 14th & 21st), e fase de diferenciação (em 12 de agosto[th], 19th & 26th e 2 de setembro[nd] & 9th) das épocas de cultivo de 2009 e 2010 (ver também Wang et al., 1998). Pelo menos cinco (5) botões apicais foram recolhidos aleatoriamente de cada vez como materiais de amostra, três vezes durante cada fase de desenvolvimento do botão com um intervalo de uma semana. Foram usadas tesouras de podar limpas e esterilizadas para colher as amostras, e depois as amostras colhidas foram lavadas em água destilada. As amostras colhidas foram imediatamente colocadas numa caixa de gelo, transportadas para o laboratório, mergulhadas em azoto líquido e armazenadas a -80^0 C até às extracções e análises de hormonas e açúcares.

Observação da morfologia do botão floral

Os botões apicais dos rebentos foram colhidos durante cada amostragem de cada estação para observação morfológica. Cerca de 54 botões foram selecionados aleatoriamente para a observação da diferenciação das flores. As imagens foram fotografadas utilizando um microscópio LEICA DFC500 assistido por computador.

Extração e análise de hormonas

Com ligeiras modificações, a extração das hormonas endógenas (GA3, IAA, ABA e CTK) foi realizada de acordo com o método descrito por Chen et al., (1991). Amostras de botões de peso fresco (0,5 g) foram trituradas em 10 ml de meio de extração de metanol frio a 80% contendo 1 mmol L^{-1} hidroxitoluência butilada (BHT) como antioxidante até homogeneidade completa. O homogenato foi transferido para um tubo de ensaio e foram adicionados 20 mg de polivinilpolipirrolidona (PVP). Em seguida, misturou-se bem num agitador durante cerca de 10 minutos e incubou-se durante a noite a 4 oC. Na manhã seguinte, o sobrenadante foi colocado num tubo de ensaio de 10 ml e centrifugado a 6000 rpm durante cerca de 20 minutos. O resíduo foi lavado e re-extraído em 2 ml de metanol frio durante mais 12 horas, sendo depois novamente centrifugado nas mesmas condições descritas acima, antes de finalmente se descartar o resíduo. O extrato combinado, após adição de 1-2 gotas de amoníaco (NH3), foi condensado (35-40^0 C) para uma fase aquosa num evaporador rotativo. A fase aquosa foi depois dissolvida em água destilada e a mistura separada em duas partes iguais.

Para a determinação de GA3, IAA e ABA, o pH de uma parte da mistura foi ajustado para 2,5-3,0 com HCl 1 N e extraído três vezes em volumes iguais de acetato de etilo. O pH da outra parte da mistura foi ajustado para 7,5-8,0 com 1 NH3 para a determinação de CTK. A mistura foi também dividida três vezes em volumes iguais de butanol em tampão fosfato (pH 8,0). As fracções de acetato de etilo e de butanol foram evaporadas até à secura a 40 oC e 60 oc, respetivamente. A purificação das hormonas foi efectuada em metanol aquoso a 80%, passando por um cartucho C18 Sep-Pak (Waters Corp., Milford, MA). Os resíduos foram recolhidos, dissolvidos em metanol e secos em gás N2. Os extractos purificados foram dissolvidos em metanol a 50%, filtrados através de uma membrana de 45 µl e submetidos a cromatografia líquida de alta resolução (HPLC). A análise hormonal foi efectuada utilizando o Agilent HP 1100 (Agilent Technologies, CA, EUA) assistido por computador, equipado com desgaseificador de vácuo, amostrador automático, bomba quandária, compartimento de coluna termostática e detetor de díodos. As condições da HPLC foram as seguintes Coluna ZORBAX RX-C8 (250 x 4,6 mm); fase móvel constituída por 3% de metanol e 97% de ácido acético 0,1 M para a determinação de IAA, GA3 e ABA, e 3% de amoníaco e 97% de água pura (pH 7,0) para as determinações de CTK (após filtração através de 0.45 µm); comprimento de onda de deteção das diferentes hormonas (IAA = 280 nm, ABA = 260 nm, GA3 = 210 nm, CTK − 260 nm); e foi injectada automaticamente uma quantidade de amostra de 10 µl a um caudal de 1 ml min$^{\wedge 1}$. As hormonas foram quantificadas comparando a área do pico das amostras com as das amostras padrão (Sigma Chemical Co. USA).

Extração e análise de açúcares solúveis

Os materiais de botões de peso fresco (1,0 g) foram triturados em 20 ml de água destilada e extraídos num banho de água a 80^0 C durante cerca de 30 min. A suspensão foi centrifugada a 6000 rpm durante cerca de 10 min. O sobrenadante foi recolhido e utilizado para determinar a sacarose e os açúcares redutores, enquanto o subjacente foi utilizado para determinar o amido. Os açúcares redutores foram determinados colorimetricamente utilizando ácido dinitrosalicílico. O método de colorimetria da antrona utilizado foi o modificado para a determinação dos açúcares não redutores (Xue e Xia, 1985). A sacarose e o amido foram determinados pelo método da antrona com glucose como padrão. A absorvância foi então determinada por espetrofotómetro (TU-1901).

Análise estatística

As análises estatísticas foram efectuadas utilizando o programa SPSS (Statistical Package for Social Scientists) versão 16.0. Os valores médios dos hormônios e carboidratos selecionados para cada estádio de desenvolvimento das gemas foram utilizados na análise ANOVA one-way $atp<0,05$ e $n = 3$, a partir da qual foram determinados os erros padrão ($\pm$SE).

Resultados

Mudança morfológica do botão floral e processo de diferenciação na peónia arbórea

O processo de formação de flores nas cultivares testadas foi relativamente rápido, durando aproximadamente 3 a 4,5 meses após a plena floração. Os botões apicais eram pequenos ($1,0 \times 0,4$ cm), de forma plana ou cónica durante a fase de indução, mas tornaram-se semi-circulares ($1,51 \times 0,75$ cm) e em forma de cúpula ($1,94 \times 0,96$ cm) durante as fases de iniciação e diferenciação (Fig.l), respetivamente. O desenvolvimento morfológico dos órgãos florais ocorreu durante o período de diferenciação. A disposição típica dos órgãos florais na peónia arbórea é em forma de roda com a camada mais externa composta por anéis primordiais de rebentos, sépalas e pétalas, distinguidos por cores diferentes. A camada mais interna é composta por um anel de primórdio de estame que envolve o primórdio de pistilo. A diferenciação e o desenvolvimento subsequente dos órgãos primordiais da flor na peónia arbórea com floração de outono (AFP) e na planta arbórea sem floração de outono (NAFP) seguiram um padrão de diferenciação localizado. O primórdio da pétala desenvolveu-se centripetamente (i.e., do exterior para o interior) e camada por camada. O primórdio do estame desenvolveu-se centrifugamente (i.e., do interior para o exterior). Embora a iniciação da flor tenha ocorrido em julho, o processo de desenvolvimento das partes visíveis da flor foi observado em agosto para a AFP e em setembro para a NAFP.

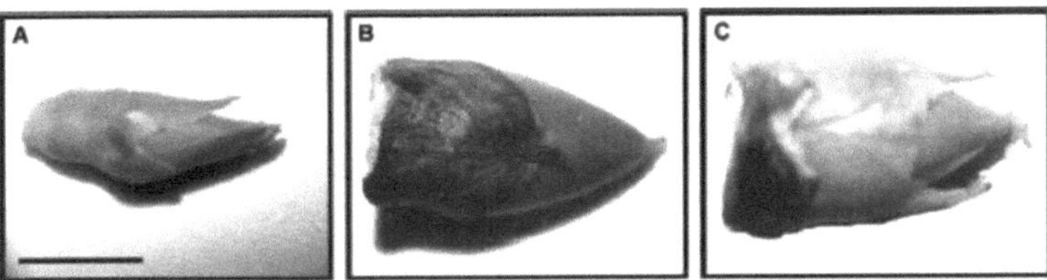

Figura 1: Vista externa lateral do botão de peónia cv. Ao Shuang na fase de indução (A), iniciação (B) e diferenciação (C) do desenvolvimento do botão. As fotografias foram tiradas com um microscópio LEICA DFC500 assistido por computador (barra de escala: 1 cm).

As observações de campo mostram que, em 5 de junho, os pontos de crescimento dos botões apicais da AFP e da NAFP eram pequenos, estreitos e planos ou cónicos. As células do meristema inicial também eram pequenas mas bem organizadas. Os botões apicais tornaram-se semi-circulares a 14 de julho na AFP e a 21 de julho na NAFP.

NAFP, indicando o fim da fase de indução de gemas e o início da iniciação floral. A 12 de agosto, os gomos apicais na AFP tornaram-se mais largos e em forma de cúpula e, a 19 de agosto, todos os gomos (100%) tinham iniciado a diferenciação morfológica; alguns tinham progredido para a diferenciação do primórdio da sépala. Para a NAFP, os botões tornaram-se em forma de cúpula em 26 de agosto, com cerca de 43% dos botões a iniciarem a diferenciação do primórdio da sépala, enquanto todos os da AFP já tinham completado a diferenciação primordial da pétala, estame e pistilo. A diferenciação primordial de pétalas, estames e pistilos na NAFP começou a 9 de setembro e, quando terminou, o período de dormência já tinha começado.

Comparação do ciclo de floração das peónias arbóreas de outono e de Não outono

Os dois anos de observação atenta mostram que a AFP tem um ciclo de floração de indução-diferenciação relativamente mais curto, o que lhe permite florescer duas vezes por ano. Após a primeira floração na primavera (março-maio), a AFP completou novamente o seu ciclo de floração de indução-diferenciação em agosto. Em seguida, floresceu novamente no final de setembro até ao início de outubro e os rebentos produzidos durante a floração de outono murcharam em novembro, seguindo-se a dormência da maioria dos botões laterais ou adventícios (ver quadro 1). Para a NAFP, após a primeira floração na primavera, o processo de indução-diferenciação da flor progrediu até ao início do período de dormência em novembro, após a queda de folhas que a impediu de florescer novamente. Por conseguinte, em comparação, a NAFP teve um ciclo de floração de indução-diferenciação mais longo. A AFP completou a fase de diferenciação do botão muito mais cedo do que a NAFP (Quadro 1).

Quadro 1: Ciclos de desenvolvimento dos botões das cultivares de peónia arbórea com floração outonal (AFP) e não outonal (NAFP). A primeira representa um padrão distinto de floração dupla, na primavera e no outono, enquanto a segunda representa o caso comum de floração normal na primavera na maioria das cultivares

Variable	Jan-Feb	Mar-May	Jun-Aug	Sept-Oct	Nov-Dec
AFP	Bud Dormancy	Spring flowering	Bud differentiation	Autumn flowering	Shoot wither
NAFP	Bud Dormancy	Spring flowering	Bud differentiation		Bud Dormancy

Conteúdo hormonal dos botões apicais

Houve diferenças substanciais nos níveis de GA3, IAA e CTK nos botões apicais entre AFP e NAFP durante as fases de formação da flor. O nível de GA3 nos botões da AFP foi geralmente mais baixo do que nos da NAFP. Os níveis de GA3 em gemas de AFP durante a indução e iniciação de gemas foram de 11,13 e 20,48 ng g^{-1} FW, respetivamente, e os níveis de GA3 em gemas de NAFP foram de 24,35 e 35,40 ng g⁻¹ FW, respetivamente, sendo significativos $ap<0,05$ (ver Tabela 2). Tal como

o GA3, os níveis de IAA também apresentaram diferenças significativas entre a AFP e a NAFP

durante as fases de indução e iniciação dos gomos. Os níveis de IAA nos gomos da AFP durante as

fases de indução e iniciação foram mais elevados (1,99 e 1,96 ng g⁻¹ FW) do que nos da NAFP

(0,80 e 1,05 ng g⁻¹ FW), respetivamente (Quadro 2).

Tabela 2: Teores médios em peso fresco de hormonas endógenas (ng g⁻¹ FW) e hidratos de carbono (mg g⁻¹ FW) em gomos de AFP e NAFP nas fases de indução, iniciação e diferenciação do desenvolvimento dos gomos

Variable	Induction		Initiation		Differentiation	
	AFP	NAFP	AFP	NAFP	AFP	NAFP
GA₃	11.13±0.68a	24.35±2.53b	20.48±1.95a	35.40±1.30b	28.17±1.30a	1.49±0.05a
IAA	1.99± 0.12a	0.80±0.10b	1.96 ±0.07a	1.05±0.08b	1.64±0.10 a	1.49±0.05a
CTK	0.09±0.03a	0.04±0.02b	0.54± 0.04a	0.14±0.03b	0.77 ±0.03a	0.31±0.05b
ABA	0.02 ± 0.002a	0.01±0.001a	0.03±0.002a	0.02±0.002a	0.03±0.002a	0.03±0.001a
Sucrose	0.81 ± 0.06a	0.61±0.02a	0.84±0.04a	0.67±0.02a	0.84 ±0.02a	0.87±0.05a
Reducing sugar	0.36 ±0.02a	0.29±0.03a	0.36±0.02	0.36±0.02a	0.31±0.02a	0.48±0.01a
Starch	0.27 ±0.01a	0.28±0.02a	0.28 ±0.01a	0.26±0.02a	0.35±0.02a	0.36±0.03a

Os valores são médias de três extrações replicadas para cada fase de desenvolvimento do botão. Os valores médios das variáveis testadas na linha de AFP e NAFP em cada fase de desenvolvimento do botão com letras diferentes indicam diferença significativa ($P \leq 0,05$).

Os níveis de CTK (0,09, 0,54 e 0,77 ng g⁻¹) nos botões da AFP também foram significativamente

maiores do que nos da NAFP (0,04, 0,14 e 0,31 ng g⁻¹) durante as fases de indução, iniciação e

diferenciação dos botões (Tabela 2). Análises adicionais mostraram que os níveis de zeatina ribosídeo

(ZR) tipo de CTK durante a iniciação floral foram menores nos botões de AFP do que nos de NAFP,

sendo significativamente diferentes ($P < 0,05$). Curiosamente, um aumento acentuado, mas não significativo, nos níveis de ZR foi observado em botões de AFP em comparação com os de NAFP durante o período de diferenciação (Fig. 2). Aumentos marcantes também foram observados nos níveis de iPA durante a formação da flor em AFP e NAFP. Os níveis de iPA nos botões da AFP foram geralmente mais altos do que nos da NAFP e as diferenças foram significativas ($P < 0,05$) em todos os estágios de desenvolvimento floral (Fig. 2).

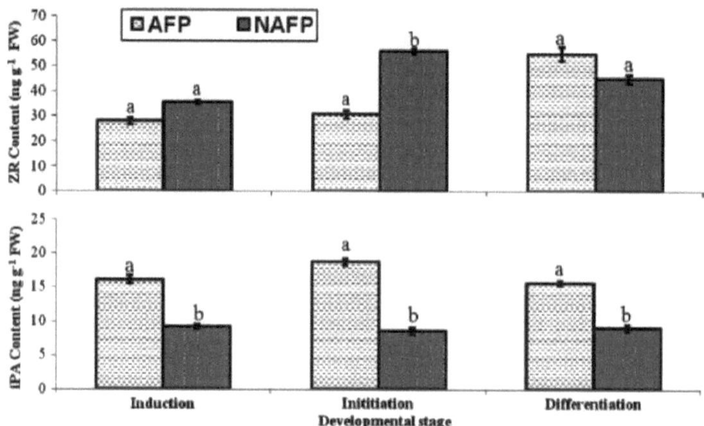

Figura 2: Teores médios de peso fresco das hormonas ZR (A) e iPA (B) em cultivares de peónia arbórea com floração outonal (AFP) e não outonal (NAFP) nas três fases de desenvolvimento dos botões. As barras de erro denotam o erro padrão (n =3). Cada conjunto de gráficos de barras comparativos com letras diferentes indica que sua diferença é significativa aP < 0,05.

No entanto, não houve diferença significativa nos níveis de ABA entre a AFP e a NAFP. Com a exceção do IAA, os níveis de GA3, CTK e ABA aumentaram geralmente desde a indução do botão até à diferenciação tanto na AFP como na NAFP. Isto pode sugerir que estas hormonas são críticas para a divisão celular do botão apical.

Teor de hidratos de carbono dos gomos apicais

Os teores de sacarose, açúcar redutor e amido nos botões das cultivares testadas foram semelhantes para todos os estádios de desenvolvimento. Não houve diferenças significativas *(p<0,05)* nos níveis desses carboidratos entre AFP e NAFP para todos os estágios (Tabela 2). Enquanto que os teores de sacarose e de açúcar redutor tiveram uma tendência para aumentar na PNAF desde a indução do gomo até à diferenciação, foram totalmente inconsistentes para a PFA. A tendência inversa foi observada para os teores de amido nos gomos apicais de AFP e NAFP.

Discussões

Ciclo de floração outonal e não outonal

Os botões da peónia arbórea são classificados em função da sua localização no rebento como terminais, laterais e adventícios. Em condições normais, os botões terminais e laterais desenvolvem-se anualmente e depois transformam-se em flores. A peónia arbórea tem um único botão para a produção de folhas, rebentos e flores, dentro do qual o botão floral também se desenvolve mais tarde. Normalmente, o desenvolvimento dos gomos da peónia arbórea começa no final do verão, seguido da senescência das folhas e da dormência dos gomos, que só retomam o crescimento após uma vernalização a frio suficiente (Wang et al., 1998), seguida da floração na primavera, tal como acontece com a PFA. Mas a sequência fenológica da AFP difere da normalmente exibida pela NAFP, na medida em que floresce pela segunda vez no ano no outono (setembro-outubro) sem vernalização pelo frio.

Observámos que a indução de botões florais começou em junho, um mês após a plena floração, tanto na AFP como na NAFP. No entanto, houve diferenças notáveis no tempo de conclusão do ciclo de indução-diferenciação de botões entre a AFP e a NAFP. O ciclo de indução-diferenciação foi comparativamente mais curto na AFP do que na NAFP, o que permite à AFP florescer duas vezes no ano; isto é, de março a maio e depois de setembro a outubro. Devido ao ciclo de indução-diferenciação mais longo na NAFP, quando o ciclo foi completado, o período de dormência já tinha sido estabelecido, fazendo com que a NAFP florescesse apenas uma vez em

durante a estação da primavera (março-maio) (ver quadro 1). Embora o período fonológico da AFP seja diferente do da NAFP, o processo de diferenciação dos gomos e os factores que o regulam, bem como o desenvolvimento subsequente dos gomos, são semelhantes.

Efeito das hormonas na formação dos botões florais

A maioria das plantas passa do crescimento vegetativo para o reprodutivo em resposta a uma mudança no seu ambiente, como a temperatura, o fotoperíodo ou uma combinação destes factores. Ao contrário de outras plantas hortícolas, a peónia arbórea não necessita de qualquer fator ambiental para iniciar a floração, mas depende de sinais endógenos, o que significa que é autónoma. Por conseguinte, quaisquer variáveis ambientais que apresentem mudanças sazonais regulares não são factores potenciais que controlam a transição para a floração.

Este estudo demonstrou que a peónia arbórea respondeu à hormona para que o meristema apical se empenhasse nos processos de formação de flores. A floração é geralmente influenciada pelas interações das hormonas endógenas nos tecidos vegetais (Pallardy 2008; Wilkie et al. 2008). Foram observadas diferenças significativas $(p<0,05)$ nos níveis de GA3, IAA e CTK entre gemas apicais de AFP e NAFP durante as fases de formação da flor (Tabela 2). Os níveis mais baixos de GA3 corresponderam a níveis mais altos de IAA nos botões da AFP durante as fases de indução e iniciação floral. Ao contrário do IAA, o nível de GA3 aumentou geralmente desde a indução da flor até à diferenciação. Os respectivos níveis pronunciadamente baixos de GA3 e altos de IAA no PFA durante a indução e iniciação floral coincidiram com o período em que os botões vegetativos respondem a estímulos críticos, como a indução do meristema apical em botões florais reprodutivos, a evocação do estágio vegetativo para o floral, a iniciação de partes florais (por exemplo, sépala, pétala, estame e pistilo primordial) e mitose ativa (ver também Barzilay et al., 2002; Koutinas et al.,

2010), o que sugere que esses

As hormonas GA3 e IAA nas fases de indução e iniciação floral promoveram a rápida formação de partes florais, o que acelera a conclusão do ciclo de indução de gemas e diferenciação na AFP. É possível que esta tendência inversa das hormonas GA3 e IAA nas fases de indução e iniciação floral tenha promovido a formação rápida de partes florais, o que acelera a conclusão do ciclo de indução-diferenciação de gemas na AFP muito antes do período de dormência (Quadro 1) para facilitar a floração no outono.

Curiosamente, níveis mais altos de GA3 e mais baixos de IAA foram observados durante as fases de indução e iniciação do desenvolvimento do botão apical na NAFP, o que aparentemente atrasa a transição de botões vegetativos para reprodutivos e a formação floral, como relatado em maçã (Bertelsen et al., 2002) e cereja (Wilkie et al., 2008). O atraso na iniciação floral pode ter retardado a conclusão do ciclo de indução-diferenciação dos botões florais na NAFP para coincidir com o período de dormência (quadro 1), um período de recessão do crescimento.

O resultado mostrou uma ligação aparente entre baixos níveis de GA3 e altos níveis de IAA nas fases de indução e iniciação de gemas e formação de flores em AFP. Observações semelhantes foram registadas em lichia (Chen, 1990), citrinos (Koshita et al., 1999) e manga (Wilkie et al., 2008). Além disso, sabe-se que GA3 elevado inibe a indução e a diferenciação floral em oliveira (Ulger et al., 2004) e pessegueiro (An et al., 2008). Também inibe a iniciação floral em abacate (Salazar-Garcia e Lovatt, 1998), pêssego (Garcia-Pallas et al., 2001) e cereja doce (Lenahan et al., 2006). Por conseguinte, níveis elevados de IAA também promovem o desenvolvimento floral primordial em *Arabidopsis thaliana* (Reinhardt et al., 2000) e *Coffea arabica* (Schuch et al., 1994). (2010), que observaram uma queda significativa no nível de IAA em botões apicais de crisântemo após a indução floral; actuando como um inibidor da indução floral. A inconsistência pode ser atribuída a razões como diferentes espécies de plantas e condições ambientais e do solo.

Os frutos e as sementes são fontes ricas de GA3 e a taxa na qual o GA3 é exportado das sementes para os botões pode influenciar a iniciação floral (Pharis e King, 1995). Uma vez que ambas as cultivares testadas tinham acabado de florescer e tinham começado a desenvolver frutos na primavera, os níveis elevados de GA3 nos botões apicais na NAFP podem ser atribuídos a uma difusão mais rápida desta hormona dos frutos em desenvolvimento para as zonas meristemáticas na NAFP do que na AFP; uma condição que provavelmente inibiu a iniciação floral (Pharis e King, 1995). O GA3 também pode ter inibido os processos de formação floral em NAFP, impedindo o desenvolvimento de gemas nodais, apêndices de gemas e tamanhos que então atrasaram o ciclo de indução-diferenciação até que a dormência se estabelecesse.

Vários estudos sugerem que a CTK controla a formação do botão floral do rebento (Koshita et al., 1999; Prat et al., 2008), o que determina o destino do desenvolvimento do botão floral (Rasmussen et al., 2009). De acordo com Chen (1991), os níveis endógenos de CTK no botão apical aumentaram com o início da iniciação e diferenciação floral em lichia. Em comparação com o NAFP, observou-se neste estudo um aumento significativo nos níveis de CTK endógena nos botões apicais do AFP durante a indução, iniciação e diferenciação floral (Tabela 2). Análises posteriores identificaram o iPA biologicamente altamente ativo como o elemento CTK específico com um elevado efeito regulador sobre o padrão de floração nas peónias arbóreas testadas. A sua diferença de níveis entre AFP e NAFP manteve-se significativa ao longo das fases de desenvolvimento do botão (Fig. 2). Também foi registado um nível elevado de iPA durante a formação da flor em *Chrysanthemum morifolium* 'Jingyun' (Jiang et al., 2010) e *Sinapis alba* (Jacqmard et al., 2002). Enquanto o nível de ZR nos botões AFP diminuiu em resposta à iniciação floral, o nível nos botões NAFP aumentou. O aumento das CTK, nomeadamente do iPA, parece coincidir com a resposta do ápice floral aos estímulos, a organogénese e a diferenciação morfológica dos órgãos florais (Wang et al., 1998;

Barzilay et al., 2002). Isso poderia ter facilitado esses processos, levando à indução, iniciação e diferenciação de órgãos florais no PFA antes do início do período de dormência dos botões. O aumento acentuado dos níveis de ZR nos botões do AFP durante o período de diferenciação implicou que altos níveis de ZR também foram necessários para o desenvolvimento subsequente dos botões. Os nossos resultados sugerem que os níveis de CTK não são apenas críticos para as fases de indução, iniciação e diferenciação dos gomos, mas também influenciam grandemente a formação floral na AFP. Estudos em Nicotiana *tabacum* (Werner et al., 2001) também sugeriram que CTK é um elemento regulador crítico durante o desenvolvimento morfológico do meristema. A CTK aumenta o meristema, o que, por sua vez, promove a formação do meristema floral e seu aumento nos níveis durante as fases de indução, iniciação e diferenciação não é surpreendente, pois isso ocorre durante uma possível divisão celular ativa (Wilkie et al., 2008; Koutinas et al., 2010). Como a CTK ativa a divisão celular (Pallardy, 2008), ela possivelmente facilitou o início precoce do desenvolvimento floral em AFP, o que, por sua vez, leva à conclusão do ciclo de formação floral antes do período de dormência dos botões (Tabela 1).

Os níveis de ABA nos botões de AFP e NAFP seguiram tendências semelhantes nas diferentes fases de desenvolvimento, sendo insignificantemente diferentes (Tabela 2). Isto sugere que esta hormona endógena provavelmente não influencia os processos de formação floral da peónia arbórea.
O ABA pode, no entanto, estar associado à indução de dormência, ao desenvolvimento e germinação de sementes e ao stress hídrico (Walton 1980) na peónia arbórea.

Efeito dos hidratos de carbono na formação dos botões florais

Vários estudos observaram que os hidratos de carbono não influenciam a indução floral em árvores lenhosas. Por exemplo, na oliveira (Stutte e Martin, 1986) e no castanheiro anormal (Liu et al., 2008), o aumento dos níveis de açúcar e de amido não teve qualquer efeito na iniciação floral e na floração. Do mesmo modo, neste estudo, não foram observadas diferenças significativas nos níveis de hidratos de carbono nos botões apicais de AFP e NAFP, independentemente da diferença de cultivar. Os níveis de sacarose, açúcar redutor (glucose e frutose) e amido tanto na AFP como na NAFP mostraram tendências semelhantes ao longo das fases de desenvolvimento do botão (Quadro 2), o que sugere que os hidratos de carbono não estão diretamente relacionados com o padrão de floração nas cultivares de peónia arbórea testadas, mas talvez possam melhorar a qualidade da flor (Pallardy, 2008). Esta observação não é, no entanto, consistente com as observações em citrinos (Goldschmidt e Golomb, 1982) e lichia (Menzel et al., 1995), onde foram relatados efeitos positivos de níveis elevados de hidratos de carbono na iniciação floral. A sacarose foi o hidrato de carbono dominante em ambas as cultivares investigadas, seguida do açúcar redutor e do amido e, geralmente, é o principal fornecedor de energia e o carbono esquelético necessário para a síntese de compostos essenciais (aminoácidos, lípidos e metabolitos) para o crescimento das plantas (Pallardy, 2008).

Conclusões

Os resultados deste estudo mostram que as mudanças quantitativas em GA3, IAA e CTK durante os estágios de desenvolvimento do botão correspondem a diferentes padrões de floração das cultivares investigadas. Embora a CTK, particularmente o iPA, possa ser uma hormona crítica durante o desenvolvimento do botão, o GA3 e o IAA também são significativos durante as fases de indução e iniciação do botão. O ABA e os hidratos de carbono parecem ter pouco (ou nenhum) efeito no padrão de floração das peónias arbóreas. A regulação dos níveis de GA3, IAA e CTK, particularmente nas fases de indução e iniciação do desenvolvimento do botão, desencadeou a floração de outono na peónia arbórea, muito provavelmente facilitando a conclusão do ciclo de formação floral muito antes do período de dormência do botão. Os resultados deste estudo podem ser utilizados na indústria floral da peónia arbórea, lançando as bases para o desenvolvimento de técnicas de refloração "fora de época" orientadas para as forças do mercado. Isto não só facilitará o crescimento económico da indústria das flores, como também satisfará as necessidades socioeconómicas e culturais dos amantes das flores em todo o mundo.

Agradecimentos

Este trabalho foi financiado pelo Projeto Co-construtivo do Comité de Educação de Pequim (2009) e

pelos Governos da Serra Leoa e da República Popular da China através do Conselho Chinês de Bolsas

de Estudo (CSC) (n.º 2007694T10). Agradecemos os valiosos contributos da Dra. Juana Pual Moiwo.

Referências

An L. J., Jin L., Yang C. Q. e Li T. H. 2008. Efeito e mecanismo funcional da ação de giberelinas exógenas na floração do pessegueiro. Ciências Agrícolas na China 7(11):1324-1332.

Barzilay A., Zemah H. e Kamenetsky R. 2002. Ciclo de vida anual e desenvolvimento floral da peónia 'Sarah Bernhardt' em Isreal. HortScience 37(2): 300-303.

Bernier G. Kinet J.M. e Sachs R.M. 1981. *The physiology of flowering*. 2nd Edition. Boca Raton: CRC Press 119-122 pp.

Bertelsen M.G., Tustin D.S. e Waagepetersen, R.P. 2002. Effects of GA3 and GA4+7 on early bud development in apple. Journal of Horticultural Science and Biotechnology, **77**: 83-90.

Chen W.S. 1990. Substância de crescimento endógeno no xilema e na ponta do rebento difusa da lichia em relação à floração. HortScience 25(3): 314-315.

Chen W. 1991. Alterações nas citocininas antes e durante a diferenciação inicial do botão floral na lichia (*Litchi chinensis* Sonn.). Fisiologia vegetal 96: 1203-1206.

Chen H.J., Wang T.H. e Jin Y. 1991. Determinação da quantidade de IAA nas plantas através da análise GC-MS-SIM. Beijing Forestry University Press13(3): 56-61.

Cheng F. Y. e Zhao D.X. 2008. Uma nova cultivar de re-floração outonal em *Paeonia x suffruticosa* (Tree Peony) 'Aoshuang'. Scientia Silvae Sinicae 44(7): 142. [em chinês, resumo em inglês].

Garcia-pallas I., Val J. e Blanco A. 2001. Inibição da diferenciação de botões florais na nectarina 'Crimson Gold' com GA3 como alternativa ao desbaste manual. *Scientia Horticulturae* **90**: 265-278.

Goldschmidt E.E. e Golomb A. 1982. Carbohydrate balance of alternate-bearing citrus tree and the significance of reserves for flowering and fruiting. Journal of the American Society forHorticultural science 107: 206-208.

Jacqmard A., Detry N., Dewitte W., Van Onckelen H. e Bernier G. 2002. Localização in situ de citocininas no meristema apical do rebento de *Sinapis alba* na transição floral. Planta214: 970-973.

Jiang B.B., Chen S.M., Miao H.B., Zhang S.M., Chen F.D. e Fang W.M. 2010. Alterações dos níveis de hormonas endógenas durante a iniciação floral indutiva em dias curtos e a diferenciação da inflorescência de *Chrysanthemum morifolium* 'Jingyun'. International Journal ofPlantProduction4(2): 149-157.

Koshita Y., Takahara T., Ogata T. e Goto A. 1999. Envolvimento de hormonas vegetais endógenas (IAA, ABA, GAs) na formação de folhas e botões florais da tangerina Satsuma (*Citrus unshiu* Marc.). ScientiaHorticulturae79: 185-194.

Koutinas N., Pepelyankov G. e Lichhev V. 2010. Indução floral e desenvolvimento de botões florais em macieira e cerejeira doce. Biotecnologia e Equipamentos Biotecnológicos 24(1): 1549-1558.

Lenahan O. M., Whiting M. D. e Elfving D. C. 2006. O ácido giberélico inibe a indução de botões florais e melhora a qualidade do fruto da cereja doce 'Bing'. HortScience 41: 654-659.

Liu T., Hu Y.Q. Li X.X. 2008. Comparação das alterações dinâmicas nas hormonas endógenas e açúcares entre *Castanea mollissima* anormal e normal. Progresso em Ciências Naturais 18: 685-690.

Menzel C.M., Rasmussen T.S. e Simpson D.R. 1995. As reservas de hidratos de carbono na *lichieira* (*Litchi chinensis* Sonn.). Journal ofHorticultural Science 70: 245-255.

Pallardy S.G. 2008. Fisiologia das plantas lenhosas. 3rd Edition. Elsevier Inc., EUA.

Pharis R.P. e King R.W. 1995. Gibberellins and reproductive development in seed plants. Revisão

Anual de Fisiologia Vegetal 36: 517-568.

Prat L., Botti C. e Fichet T. 2008. Efeito dos reguladores de crescimento vegetal na diferenciação floral e na produção de sementes em Jojoba (*Simmondsia chinensis* (Link) Schneider). Industrial Crops and Products 27: 44-49.

Rasmussen H. N. e Veierskov B. 2009. Perfis de citocininas na árvore conífera Abies nordmanniana: Relações de toda a planta em perspetiva durante todo o ano. Regulação do Crescimento das Plantas 28: 154-166.

Reinhardt D., Mande L.T. e Kuhlemeier C. 2000. Auxin regulates the initiation and radial position of plant lateral organs. The Plant Cell 12:507-518.

Salazar-garcia S. e Lovatt C. J. 1998. A aplicação de GA3 altera a fenologia da floração do abacate 'Hass'. Journal of the American Society forHorticultural Science 123: 791-797.

Schuch U. K., Azarenko A. N. e Fuchigami L.H. 1994. Endogenous IAA levels and development of coffee flower buds from dormancy to anthesis. Regulação do crescimento das plantas 15: 33-41.

Stutte G. W. e Martin G. C. 1986. The effect of light intensity and carbohydrate reserves on flowering in olive. Journal of the American Society for Horticultural Science 11(1): 27-31.

Ulger S., Sonmez S., Karkacier M., Ertoy N., Akdesir O. e Aksu M. 2004. Determinação dos níveis de hormonas endógenas, açúcares e nutrição mineral durante a fase de indução, iniciação e diferenciação e os seus efeitos na formação de flores em oliveira. Regulação do Crescimento das Plantas 42: 89-95.

Walton D.C. 1980. The biochemistry and physiology of abscisic acid. Annual Review of PlantPhysiology 31: 453-489.

Wang L.Y., Qin K.J., Wu J. M. e Yu H. 1998. Peónia arbórea chinesa. 1st ed. China Forestry Publishing House, Pequim, China.

Werner T., Motyka V., Strnad M. e Schmulling T. 2001. Regulation of plant by cytokinin. PlantBiology 98(18): 10487-10492.

Wilkie J.D., Sedgley M. e Olesen T. 2008. Regulação da iniciação floral em árvores hortícolas. Journal ofExperimental Botany 59(12): 3215-3228.

Xue Y.L. e Xia Z.A. 1985. *The handbook of plant physiology*. 1st Edition. Shanghai Technology and Science Publishing House Press, Shanghai. 134-135 pp.

Zhang X.X. 2004. Estudos sobre a cultura forçada de peónias arbóreas com floração de outono no campo e a sua fisiologia de re-floração. Dissertação de doutoramento, Universidade Florestal de Pequim, Pequim, China.

CAPÍTULO 3

Níveis de giberelina e citocinina associados à floração outonal da peónia (PaeoniasuffruticosaAndr.)

Philip M. P. Mornya^, ^, Fangyun Cheng^

¹Faculdade de Arquitetura Paisagista, Universidade Florestal de Pequim, Pequim 100083, China;

Centro Nacional de Investigação em Engenharia Florestal, Laboratório Principal de Genética e

Reprodução de Árvores Florestais e Plantas Ornamentais, Pequim 100083, China

²Escola de Gestão de Recursos Naturais, Campus de Njala, Universidade de Njala, Serra Leoa

Resumo

A duração das várias fases da formação floral e os níveis hormonais nos botões apicais acabam por determinar a época de floração e a qualidade da flor das plantas ornamentais. Os níveis endógenos de duas hormonas, a giberelina [ácidos giberélicos (GA e GA₄)] e a citocinina [ribosídeo de zeatina (ZR) e N6-(Δ2-isopentenil)-adenosina (iPA)] foram quantificados em botões de cultivares outonais (AFC) e não outonais (NAFC) de peónia *Paeonia suffruticosa* Andr. Após a purificação dos extractos de botões, os níveis hormonais foram avaliados por ensaio imunoenzimático (ELISA). Foram observadas diferenças marcantes nos níveis hormonais durante os diferentes períodos de formação dos botões. As variações no padrão de floração entre AFCs e NAFC podem estar associadas a diferenças nos níveis de ZR, iPA, GA e GA₄ durante diferentes períodos de formação floral. Enquanto o nível de ZR em botões de AFCs diminuiu em resposta à iniciação floral, o de iPA aumentou. Enquanto o nível de ZR em botões de NAFC foi maior durante o período de iniciação floral, o de iPA foi menor. Embora o nível de ZR em gemas de AFCs tenha sido menor durante o estágio de iniciação floral, um aumento acentuado em seu nível foi observado durante o estágio de diferenciação. Os conteúdos de GA3 e GA nos botões de

Os AFCs foram mais baixos durante a indução floral do que nos botões de NAFC, mas ambos os níveis aumentaram durante os períodos de iniciação e diferenciação floral. Os resultados sugerem que as alterações quantitativas de ZR, iPA, GA3 e GA4 são fundamentais não só na indução ou transição da fase vegetativa para a fase reprodutiva, mas também nos botões em desenvolvimento que se seguem. Assim, a floração de outono na peónia arbórea pode ser alcançada através da regulação dos níveis de ZR, iPA, GA3 e GA4 para facilitar os processos de indução-diferenciação da flor antes do início do período de dormência dos botões.

Palavras-chave: Floração outonal; Citocinina; Formação de flores; Peónia arbórea

Introdução

O fenómeno da floração outonal é comummente observado em muitas plantas hortícolas. Nos últimos tempos, muito poucas cultivares de peónia arbórea exibiram o hábito de florescer duas vezes por ano durante as estações da primavera e do outono na China. Este padrão é considerado anormal, onde a peónia arbórea floresce sem passar por um período de frio. Os botões desenvolvidos de ambas as cultivares de peónia arbórea 'Ao Shuang' e 'Cangzhi Hong' numa experiência realizada pelo nosso grupo de investigação (dados não publicados) exibiram floração no outono sem serem expostos a um período de frio, uma condição pouco comum a outras cultivares de peónia como a 'Luoyang Hong'. Em condições normais, a libertação da dormência por tratamento de frio é necessária para que as peónias arbóreas e herbáceas floresçam na primavera ou sob condições controladas no inverno (Cheng et al., 2005; Cheng et al., 2009). Mas este não é o caso das cultivares de peónia arbórea com floração outonal. Isto torna estas cultivares únicas, com valores competitivos na indústria de flores de peónia arbórea, uma vez que também florescem no outono, o que não acontece com outras cultivares. Embora a China tenha muitas espécies e cultivares de peónias arbóreas, as peónias com flores de outono são muito raras. Isto oferece uma oportunidade para um estudo comparativo dos níveis hormonais do comportamento de floração da planta com a esperança de melhorar o rendimento. Assim, foi estudada a dinâmica quantitativa dos níveis de giberelinas (GAs) e citocininas (CTK) envolvidas na regulação dos processos de floração.

A época da floração determina em grande parte os valores socioeconómicos e culturais das plantas.

Idealmente, os processos de formação de flores nas peónias arbóreas começam dentro de um mês após a plena floração. A formação do botão floral é normalmente alcançada através da transição do meristema vegetativo para uma estrutura reprodutiva. A transição do meristema apical na peónia arbórea completa uma mudança do meristema vegetativo para o meristema generativo em julho e agosto de cada ano após a plena floração (Wang et al., 1998). Estudos também mostraram que a iniciação das partes florais da peónia herbácea começa no botão de renovação em junho (Barzilay et al., 2002). Durante o processo de transição floral, ocorrem várias mudanças, como o alargamento do meristema apical e o desenvolvimento morfológico do botão floral. As hormonas, no entanto, são conhecidas há muito tempo por desempenharem um papel importante na formação das flores nas plantas. As hormonas regulam vários aspectos do desenvolvimento das plantas, incluindo a divisão celular, o crescimento, a morfogénese e a floração (Pallardy 2008; Wilkie et al., 2008). Por exemplo, trabalhos sobre a oliveira (Ulger et al., 2004), o pêssego (An et al. 2008), o abacate (Garcia-Pallas et al., 2001) e a cereja doce (Lenahan et al., 2006) mostraram o efeito inibitório de um teor elevado de GA3 na formação de flores durante a indução, iniciação e diferenciação da flor. No entanto, embora o efeito inibitório do alto nível de GA3 na formação de flores tenha sido relatado na oliveira, um efeito positivo do alto nível de GA4 na formação de flores também foi confirmado na mesma planta (Ulger et al., 2004). Além disso, o nível endógeno de CTK nos botões aumentou no início da iniciação e diferenciação floral em lichia (Chen, 1991).

Apesar do exposto, existe pouca informação sobre as alterações quantitativas das hormonas endógenas no que diz respeito à floração outonal da peónia arbórea. Por conseguinte, uma melhor compreensão do mecanismo subjacente à ação hormonal poderia ser útil para explorar as causas fisiológicas das variações de cultivar no que diz respeito ao mecanismo de floração na peónia arbórea. A informação gerada não só enriqueceria as práticas de produção das cultivares de peónia arbórea como também ajudaria a estabelecer uma tecnologia de refloração fora de época com floração controlada em datas e alturas específicas do ano. Estes conhecimentos aumentarão a forçagem da floração precoce e a rentabilidade da floricultura da peónia arbórea.

Uma vez que existe pouca informação sobre a dinâmica das hormonas endógenas no controlo da formação da flor, o nosso objetivo foi avaliar os níveis de dois tipos de GA e CTK nos botões de duas cultivares de peónia arbórea que exibem grandes variações no padrão de floração, para determinar o seu papel nos processos de formação da flor.

Materiais e métodos

Materiais vegetais e recolha de amostras

Um total de 30 plantas de 5 anos de idade, cultivares 'Ao Shuang', 'Cangzhi Hong' (floração de outono: AFC1, AFC 2) e 'Louyang Hong' (floração não outonal) de peónia arbórea (*P. suffruticosa* Andr.) cultivadas no campo (temperatura diurna e nocturna ~30/19° C, humidade relativa ~70%) com vigor de crescimento semelhante, foram selecionadas para investigação. As amostras foram recolhidas entre o início de junho e o final de setembro de 2010 na Base de Recolha de Peónias Jiufeng da Universidade Florestal de Pequim, Pequim, China. A experiência foi conduzida segundo um esquema de blocos completos aleatórios com três repetições. Especificamente, as amostragens foram efectuadas durante junho, julho e agosto-setembro para as fases de indução, iniciação e diferenciação da flor, seguindo (Wang et al., 1998). Foram recolhidos aleatoriamente pelo menos cinco botões apicais de cada vez como material de amostra, três vezes durante cada fase, com um intervalo de uma semana. As amostras de botões foram colhidas com tesouras de podar limpas, lavadas com água destilada e imediatamente colocadas numa caixa de gelo. As amostras foram transportadas para o laboratório, mergulhadas em azoto líquido e armazenadas a -80° C até à extração e análise das hormonas vegetais.

Observação da morfologia do rebento

Os botões apicais nascidos nos rebentos da estação atual foram colhidos ao acaso para observação morfológica. Cerca de 27 botões foram selecionados aleatoriamente para a observação da diferenciação das flores. As imagens foram fotografadas utilizando um microscópio LEICA DFC500 assistido por computador.

Extração, purificação e quantificação de hormonas

Com ligeiras modificações, a extração, purificação e determinação dos níveis endógenos de GA3, GA4, ZR e iPA foi realizada pela técnica ELISA indireta, tal como descrito em He (1993) e Yang et al. (2001). Amostras de brotos frescos (0,5 g) foram homogeneizadas em 5 ml de meio de extração de metanol 80% (v/v) contendo 1 mmol.L^{-1} hidroxitoluência butilada (BHT) como antioxidante. Foram adicionados cerca de 30 mg de dióxido de silício e 20 mg de polivinilpolipirrolidona (PVP) para facilitar a trituração e remover o fenol. Os extractos foram incubados a 4^0 C durante a noite, transferidos na manhã seguinte para tubos de ensaio de 10 mL e centrifugados a 6000 rpm durante 20 min à mesma temperatura. O sobrenadante foi passado através de um cartucho C18 Sep-Pak (Waters Corp., Milford, MA) e seco em N2. Os resíduos foram dissolvidos em 0,01 mol. L^{-1} de tampão fosfato salino (PBS) (pH 7,5) para a determinação dos níveis de ZR, iPA, GA3 e GA4. Os antigénios monoclonais de ratinho e os anticorpos contra GAs, ZR e iPA e IgG-peroxidase de rábano utilizados foram produzidos no Phytohormones Research Institute (China Agricultural University, Beijing, China). Resumidamente, as placas de microtitulação (Nunc) foram revestidas com conjugados sintéticos GA3, GA4, ZR, iPA-ovalbumina em 50 mmol.L^{-1} de solução tampão NaHCO3 (pH 9,6) e mantidas durante a noite a 37^0 C. Para bloquear a ligação não específica, foram adicionados a cada poço 10 mg ml^{-1} de solução de ovalbumina. Após incubação a 370C durante 30 minutos, foram adicionados GAs padrão, amostras de ZR e iPA e anticorpos, que foram incubados durante mais 45 minutos a 370C. Adicionou-se então a cada poço imunoglobulina de cabra anti-coelho marcada com peroxidase de rábano e incubou-se durante 1 h a 370C. Em seguida, foi adicionado o substrato enzimático tamponado (ortofenilenodiamino) e a reação enzimática foi conduzida no escuro a 37 oc durante 15 min, sendo depois interrompida com 3 mol. L^{-1} H2SO4. Utilizou-se o registador ELISA (modelo DG-3022 A; Huadong Electron Tube Factory, Xangai, China) para medir a densidade ótica de cada alvéolo a A490 nm. O cálculo dos dados do ensaio imunoenzimático foi efectuado de acordo com Weiler et al. (1981). Neste estudo, a percentagem de recuperação de cada hormona foi calculada adicionando uma quantidade conhecida de hormona padrão a um extrato dividido. Todas as recuperações percentuais foram > 90% e todas as curvas de diluição do extrato de amostra foram paralelas às curvas padrão, indicando a inexistência de inibidores inespecíficos nos extractos.

Análise estatística

Todas as análises estatísticas foram efectuadas utilizando o Statistical Package for Social Scientists (SPSS). As médias das hormonas visadas foram obtidas e a ANOVA de uma via foi executada para determinar o nível de significância a $P < 0,05$.

Resultados

Morfologia do botão de peónia arbórea

O resultado mostra que, a 5 de junho, os pontos de crescimento dos botões apicais das cultivares com floração outonal (AFC) e da cultivar com floração não outonal (NAFC) eram pequenos (0,5 x 0,3 cm), estreitos e planos ou cónicos. As células meristemáticas iniciais também eram pequenas mas bem organizadas. Nos dias 14 e 21 de julho, as gemas apicais tornaram-se semicirculares em ambas as cultivares, indicando o fim da fase de indução floral e o início do processo de iniciação floral. No dia 12 de agosto, as gemas apicais de AFCs estavam mais largas e em forma de cúpula e, no dia 19 de agosto, todas as gemas (100%) iniciaram a diferenciação morfológica, com algumas progredindo para a diferenciação do primórdio da sépala. Em 26 de agosto, os botões da NAFC tornaram-se em forma de cúpula e 43% dos botões iniciaram a diferenciação do primórdio da sépala, enquanto todos os da AFC iniciaram a diferenciação do primórdio da pétala e do estame (Fig. 1). A diferenciação primordial de pétalas e estames em NAFC começou em 9 de setembro.

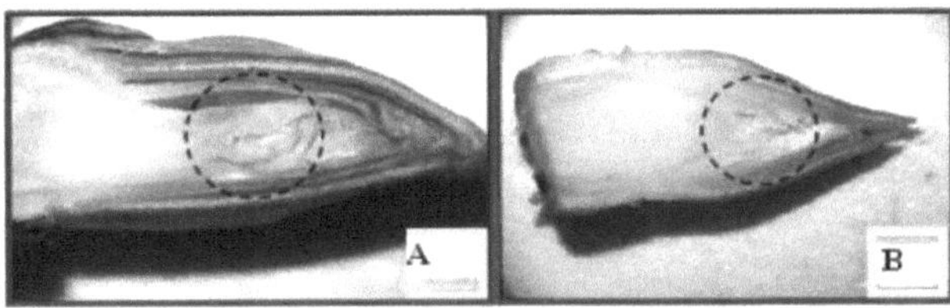

Figura 1 A, B: Fotografias da vista interna de botões florais outonais (A) e não outonais (B) durante o período de indução-diferenciação da flor tiradas em 26 de agosto de 2010. A diferenciação das pétalas e dos estames já estava completa no botão floral de outono nesta data, enquanto a diferenciação nos botões florais de Não-outono ainda estava em curso.

Comparação do ciclo de floração outonal e não outonal

Observámos que os AFCs tiveram um período de indução-diferenciação relativamente mais curto e floresceram duas vezes por ano. Após a floração na primavera (março-maio), os AFCs completaram o ciclo de vida de indução-diferenciação da flor durante o mês de agosto e voltaram a florir no final de setembro ou no início de outubro (Quadro 1). Comparativamente, a NAFC teve um ciclo de indução floral-diferenciação mais longo. Quando o processo de indução-diferenciação da flor foi concluído, o período de dormência dos botões já tinha sido atingido, pelo que a NAFC floresceu uma vez na primavera (março-maio) (ver Quadro 1). Os rebentos produzidos pelos AFCs durante a segunda floração murcharam em novembro, seguindo-se a dormência. Ao mesmo tempo, os gomos da NAFC também estavam em estado de dormência após a queda das folhas.

Quadro 1: Ciclos de desenvolvimento dos botões em cultivares de peónia arbórea com floração outonal (AFC) e sem floração outonal (NAFC). NAFC representa o caso comum de floração normal de primavera na maioria das cultivares, enquanto AFC apresenta um padrão distinto de floração dupla no outono e na primavera

Variable	Jan-Feb	Mar-May	Jun-Aug	Sept-Oct	Nov-Dec
AFC	Bud Dormancy	Spring flowering	Bud differentiation	Autumn flowering	Shoot wither
NAFC	Bud Dormancy	Spring flowering	Bud differentiation		Bud Dormancy

Conteúdo hormonal dos botões

A comparação dos níveis hormonais durante diferentes estágios de desenvolvimento entre AFCs e NAFC é apresentada na Tabela 2. Os níveis de ZR nos botões de AFC1 e AFC2 durante a iniciação floral foram 30,72 ng g^{-1} e 23,88 ng g^{-1} FW, respetivamente, sendo significativamente diferentes. No entanto, durante o mesmo período, o nível de ZR nos botões de NAFC foi de 55,96 ng g^{-1} FW. Curiosamente, um aumento acentuado, mas não significativo, nos níveis de ZR foi observado em gemas de AFCs em comparação com as de NAFC durante o período de diferenciação (Tabela 2).

Foram observados aumentos consistentes nos níveis de iPA durante as fases de formação de flores de AFCs e NAFC. Os níveis de iPA em botões de AFCs foram geralmente mais altos do que os de NAFC. Mas as diferenças foram significativas ($P < 0,05$) apenas na fase de iniciação floral. Os níveis de iPA em gemas de AFC1 e AFC2 foram de 18,76 ng g^{-1} e 16,59 ng g^{-1} FW enquanto que em gemas de NAFC foi de 8,64 ng g^{-1} FW. Embora os níveis de iPA nos botões de AFCs tenham sido ligeiramente mais altos do que nos de NAFC durante a indução floral e o período de diferenciação, as diferenças foram insignificantes (Tabela 2).

Uma diferença acentuada nos níveis de GA3 e GA4 ocorreu entre os botões de AFC e NAFC durante o período de indução floral, sendo menor nos botões de AFC do que nos botões de NAFC (Tabela 2).

Não foram observadas alterações significativas nos níveis de GA3 e GA4 entre os gomos de AFC e NAFC durante os períodos de iniciação e diferenciação floral. No entanto, enquanto os níveis de GA3 e GA4 nos botões de AFCs aumentaram de forma constante da indução à diferenciação, os níveis nos botões de NAFC diminuíram de forma constante.

Tabela 2: Níveis de hormonas endógenas em gomos de outono (AFC) e não outono (NAFC) cultivares floridas durante as três fases de desenvolvimento floral.

Variable	Induction			Initiation			Differentiation		
	AFC1	AFC2	NAFC	AFC1	AFC2	NAFC	AFC1	AFC2	NAFC
ZR (ng g^{-1})	28.00±1.4a	38.12±0.7a	35.52±0.8a	30.72±1.0a	23.89±0.9a	55.96±0.9b	54.92±0.9a	47.85±0.9a	44.91±1.6a
iPA (ng g^{-1})	14.14±0.6a	12.71±0.4a	9.20±0.5a	18.76±0.5a	16.59±0.5a	8.64±0.7b	15.70±0.3a	13.43±0.5a	9.28±0.4a
GA$_3$ (ng g^{-1})	9.09±0.4a	8.52±0.2a	19.21±0.2b	11.94±0.5a	10.84±0.5a	16.76±0.5a	15.77±0.6a	17.02±0.3a	13.57±0.3a
GA$_4$ (ng g^{-1})	6.58±0.3a	7.31±0.2a	13.34±0.3b	7.65±0.3a	9.06±0.4a	11.75±0.3a	9.80±0.6a	9.43±0.3 a	8.17±0.5a

Nota: Os valores são médias de três extracções replicadas em cada fase. Médias seguidas pelas mesmas letras dentro da mesma linha em cada estágio de desenvolvimento da flor indicam que não há diferença significativa (*P ≤ 0,05*).

Discussões

Ciclo de floração outonal e não outonal

Os gomos dos rebentos das peónias arbóreas dividem-se, segundo a sua localização, em gomos terminais, laterais e adventícios. Em condições normais, os gomos terminais e laterais formados no novo crescimento anual produzem flores. As peónias de árvores têm um único botão para a produção de folhas, rebentos e flores. Os resultados revelaram que o mês de junho é o início da indução floral na peónia arbórea. Em ambas as cultivares testadas, a indução floral começou dentro de um mês após a plena floração. No entanto, foi observada uma diferença acentuada no ciclo de indução-diferenciação entre AFCs e NAFC. O ciclo de indução-diferenciação foi mais curto e completado antes do período de dormência dos botões na AFC, enquanto que na NAFC foi mais longo e completado durante um período que coincide com o início da dormência dos botões. Assim, as AFC floresceram duas vezes por ano (março-maio e setembro-outubro) enquanto as NAFC floresceram uma vez na primavera (março-maio) do ano (ver quadro 1).

Efeitos hormonais no desenvolvimento do botão floral

Os processos de floração nas plantas são geralmente regulados pelas interações de hormonas endógenas nos tecidos vegetais. Vários aspectos do desenvolvimento das plantas, como a divisão celular, o crescimento, a morfogénese e a floração, são influenciados por hormonas (Pallardy, 2008; Wilkie et al., 2008). A diferença marcada nos níveis de ZR entre os botões AFCs e NAFCs durante o período de iniciação implica que o ZR endógeno pode ter um efeito regulador no comportamento de floração na peónia arbórea. Níveis mais baixos de ZR em gemas AFCs aparentemente coincidem com o início da formação primordial floral (sépala, pétala, estame e pistilo primordial) e transformação histológica do meristema apical em novas gemas florais (Barzilay et al., 2002; Koutinas et al., 2010). O nível mais baixo de ZR em gemas de AFCs nesta fase provavelmente facilitou os eventos iniciais dos processos de formação de flores, levando à conclusão do ciclo de indução-diferenciação de flores antes do período de dormência das gemas em AFCs. Ao mesmo tempo, observou-se um nível mais elevado de ZR nos botões apicais de NAFC durante o período de iniciação floral. O nível mais alto de ZR durante este período nos botões NAFC aparentemente atrasou os processos de iniciação floral, portanto, atrasando a conclusão do ciclo de indução-diferenciação para sincronizar com o período de dormência dos botões, o que então inibe a floração de outono (Tabela 1). No entanto, é surpreendente notar que o nível de ZR nos botões de AFCs aumentou acentuadamente durante o período de diferenciação da flor. O nosso resultado sugere que o baixo nível de ZR é mais importante na transição da fase vegetativa para a fase reprodutiva da formação da flor, mas o desenvolvimento subsequente requer um nível elevado de ZR. Os resultados deste estudo são consistentes com os resultados de Liu et al. (2008) e Chang et al. (1999), que sugeriram um efeito positivo do baixo nível de ZR na floração no castanheiro anormal e na iniciação floral em *Polianthes tuberose*, respetivamente. No entanto, os nossos resultados discordam dos de Bernier et al. (1993), que referiram que a ZR actua como um componente importante do estímulo floral em *Sinapis alba*.

Verificou-se uma diferença acentuada nos níveis de iPA entre os gomos AFCs e NAFC. O período de aumento dos níveis de iPA nos botões AFC coincidiu com o período de desenvolvimento morfológico dos órgãos florais, transformação dos meristemas apicais em novos botões florais e mitose ativa (Koutinas et al., 2010). Isso implica que o aumento da citocinina, especialmente do iPA, pode influenciar os eventos iniciais da transição floral em AFCs. Um nível mais elevado de iPA nos gomos durante o período de iniciação floral conduziu possivelmente a um rápido desenvolvimento dos órgãos florais, resultando numa progressão rápida e suave da indução-diferenciação floral para a formação de flores nos AFC, antes do período de dormência (Quadro 1), o que induziu depois a floração outonal. Curiosamente, o mesmo período coincidiu com um nível mais baixo de iPA nos botões NAFC. Isto sugere que as alterações nos níveis de iPA podem ter um efeito direto na transição do meristema apical da fase vegetativa para a fase de órgão floral. Assim, este estudo mostrou uma correlação potencial entre o nível elevado de iPA durante o período de iniciação e a formação de flores em AFC, um fenómeno também relatado por Jiang et al. (2010) e Jacqmard et al. (2002) para *Chrysanthemum morifolium* 'Jingyun' e *Sinapis alba*, respetivamente. O aumento do nível de iPA durante o período de iniciação da flor não é surpreendente, uma vez que ocorreu durante um período caracterizado por uma possível divisão celular rápida (Wilkie et al., 2008; Koutinas et al., 2010). Uma vez que as citocininas estão geralmente associadas à aceleração da divisão celular, é possível que o alto nível de iPA observado em botões de AFCs durante a iniciação floral tenha promovido a transição de células meristemáticas apicais indiferenciadas para células diferenciadas (Werner etal., 2001).

De um modo geral, sabe-se que as giberelinas (GAs) regulam a formação floral em muitas plantas

(Pharis e King, 1985). As GA desempenham um papel crítico na influência do crescimento das plantas, divisão celular, alongamento e floração. Por exemplo, foi relatado que um alto nível de GA3 inibe a formação de flores durante as fases de indução e diferenciação em oliveira (Ulger et al., 2004), pêssego (An et al., 2008), e também durante a iniciação da flor em abacate (Salazar-Garcia e Lovatt, 1998), pêssego (Garcia-Pallas et al., 2001) e cereja doce (Lenahan et al., 2006). Além disso, um nível mais baixo de GA3 durante a indução e iniciação floral promoveu a formação de flores em lichia (Chen, 1990), citrinos (Koshita et al., 1999) e manga (Wilkie et al., 2008). De acordo com os resultados acima mencionados, os níveis endógenos de GA3 e GA4 neste estudo também diminuíram significativamente durante o período de indução floral em botões de AFCs. Os níveis mais baixos de GA3 e GA4 coincidem com o período de resposta ao estímulo floral pelo meristema apical e a indução da formação do botão floral que dá lugar à transformação histológica do meristema apical (Barzilay et al., 2002; Koutinas et al., 2010). A diminuição dos níveis de GA3 e GA4 durante o período de indução floral e o aumento constante depois indica que ambos os níveis podem ter um efeito positivo na formação e desenvolvimento floral em AFCs. No entanto, durante o período de indução em botões de NAFC, os níveis de GA3 e GA4 foram comparativamente mais elevados. Isso sugere que baixos níveis de GA3 e GA4 são mais importantes na indução de botões florais, mas o desenvolvimento posterior dos botões requer altos níveis de GA3 e GA4. Os nossos resultados são inconsistentes com os de Cheng et al. (2004) e Kawabata et al. (2009), que atribuíram inteiramente o efeito positivo de níveis elevados de giberelina à formação de órgãos florais em *Arabidopis* e à floração em *Eustoma grantiflorum*, respetivamente. Os nossos resultados também discordam dos resultados obtidos em *Olea europaea* (Ulger et al., 2004), que observaram um efeito positivo de um nível elevado de GA4 na formação de flores. A inconsistência pode ser atribuída às diferenças nas espécies de plantas e nas condições ambientais/solo.

Os frutos e as sementes são fontes ricas de GAs e a taxa a que esta hormona é exportada das sementes para os botões influencia a iniciação floral (Pharis e King, 1995). Assim, o alto conteúdo de GA3 e

GA4 durante a indução floral em NAFC não é totalmente surpreendente. Embora tanto AFCs quanto NAFC tenham acabado de florescer na primavera e tenham frutos em desenvolvimento, os altos níveis de GA3 e GA4 em NAFC podem ser atribuídos à sua taxa de translocação dos frutos em desenvolvimento. Talvez a translocação de GA, que ocorreu dentro de um mês após a plena floração em maçã (Koutinas et al., 2010), de frutos em desenvolvimento para a zona meristemática para inibir a iniciação da flor, seja mais rápida em NAFC do que em AFCs. A GA pode ter afetado os processos de formação floral em NAFC, atrasando o desenvolvimento de gemas nodais, apêndices de gemas e tamanhos, o que prolongou o ciclo de indução à diferenciação até ao início do período de dormência (Quadro 1). Pode também ter atrasado ou retardado a transição dos gomos da fase vegetativa para a fase floral; e o tempo vital de libertação dos gomos (Bertelsen et al., 2002; Wilkie et al., 2008).

Conclusões

Os níveis de hormonas endógenas mostram uma variação acentuada entre AFC e NAFC durante as fases de formação da flor. Portanto, pode-se inferir que as mudanças nos níveis de ZR, iPA, GA3 e GA4 podem contribuir para as variações no padrão de floração entre AFCs e NAFC. Enquanto o conteúdo de ZR nos botões das AFCs diminuiu em resposta à iniciação floral, o de iPA aumentou. Os níveis de GA3 e GA4 nos botões apicais de AFCs foram menores durante a fase de indução floral do que nos de NAFC. Estes resultados sugerem que as alterações quantitativas nos níveis endógenos de giberelinas e citocininas podem corresponder a diferentes mecanismos de floração na peónia. Portanto, a floração de outono na peónia arbórea pode ser alcançada regulando os níveis de ZR, iPA, GA3 e GA4, particularmente durante os períodos de indução e iniciação da formação da flor. Isto irá aumentar rapidamente o processo de indução-diferenciação da flor para a formação da flor antes do início do período de dormência dos botões. Os resultados deste estudo serão úteis para o estabelecimento de uma tecnologia de re-floração durante a "época baixa" com floração controlada (cultura forçada) em datas de comercialização e épocas do ano específicas, através da aplicação de reguladores de crescimento vegetal exógenos.

Agradecimentos

Este trabalho foi apoiado pelo Programa Nacional de Apoio à Ciência e Tecnologia da China (2006BAD01A1801), pelo Projeto-chave para a Investigação Científica Florestal (2006-40) e pelo Projeto Co-construtivo do Comité de Educação de Pequim (2009).

Referências

An L.J., Jin L., Yang C.Q. e Li T. H. 2008. Efeito e mecanismo funcional da ação de giberelinas exógenas na floração do pessegueiro. Ciências Agrícolas na China 7(11):1324-1332.

Barzilay A., Zemah H. e Kamenetsky R. 2002. Ciclo de vida anual e desenvolvimento floral da peónia 'Sarah Bernhardt' em Isreal. HortScience 37(2):300-303.

Bernier G., Havelenge A., Housa C., Petitjean A. e Lejeune P. 1993. Sinais fisiológicos que induzem a floração. Célula vegetal 5:1147-1155.

Bertelsen M. G., Tustin D. S., e Waagepetersen R. P. 2002. Effects of GA3 and GA4+7 on early bud development in apple. Journal of Horticultural Science and Biotechnology 77: 83-90.

Chang S. T., Chen W. S., Hsu C. Y., Yu H. C., Du B. S. e Huang K. L. 1999. Changes in cytokinin activities before, during, and after floral initiation in *Polianthes tuberose*. Plant Physiology and Biochemistry 39(9): 679-684.

Chen W. 1991. Alterações nas citocininas antes e durante a diferenciação inicial do botão floral na lichia (*Litchi chinensis* Sonn.). Fisiologia vegetal 96:1203-1206.

Chen W. S. 1990. Substância de crescimento endógeno no xilema e na ponta do rebento difusa da lichia em relação à floração. HortScience 25(3):314-315.

Cheng H., Qin L., Lee S., Fu X.D., Richards D. E., Cao D., Luo D., Harberd N. P e Peng J.R. 2004. Gibberellin regulates Arabidopsis floral development via suppression ofDELLA protein function. Desenvolvimento 131:1055-1064.

Cheng F.Y., Zhang W.J., Yu X.N., Chai X.L e Yu R.Q. 2005. Efeitos das giberelinas e do pó de enraizamento na cultura forçada de *Paeonia lactiflora* 'Da Fugui'. Ata Horticulturae Sinica 32:1129-1132.

Cheng F.Y e Zhao D.X. 2008. Uma nova cultivar de re-floração outonal em *Paeonia x suffruticosa* (Tree Peony) 'Aoshuang'. Scientia Silvae Sinicae 44(7):142.

Cheng F.Y., Zhong Y., Long F., Yu X. N e R. Kamenetsky. 2009. Peónias herbáceas chinesas: Seleção de cultivares para forçar a cultura e efeitos do arrefecimento e da giberelina (GA3) no desenvolvimento das plantas. Israel Journal ofPlant Sciences 57:357-367.

Garcia-Pallas I., Val J. e Blanco A. 2001. Inibição da diferenciação de botões florais na nectarina 'Crimson Gold' com GA3 como alternativa ao desbaste manual. Scientia Horticulturae 90:265-278.

He Z. 1993. Orientação para experiências de controlo químico em plantas cultivadas. In: He Z.P. (eds). Guidance to experiment on Chemical Control in Crop Plants. Beijing Agricultural University Publishers, Beijing, p. 60-68.

Jacqmard A, Detry N., Dewitte W., Van Onckelen H. e Bernier G. 2002. Localização in situ de citocininas no meristema apical do rebento de *Sinapis alba* na transição floral. Planta214: 970-973.

Jiang B. B., Chen S. M., Miao H. B., Zhang S. M., Chen F.D. e Fang W.M. 2010. Alteração dos níveis de hormonas endógenas durante a iniciação floral indutiva em dias curtos e a diferenciação da inflorescência de *Chrysanthemum morifolium* 'Jingyun'. International Journal ofPlant Production 4(2):149-157.

Kawabata S., Li Y. Saito T. e Zhou B. 2009. Identificação de genes diferencialmente expressos durante a abertura da flor por hibridação subtractiva de supressão e análise de microarranjos de cDNA *emEustomagrandiflorum*. Scientia Horticulturae 22:129-133.

Koshita Y., Takahara T., Ogata T. e Goto A. 1999. Envolvimento de hormonas vegetais endógenas (IAA, ABA, GAs) na formação de folhas e botões florais da tangerina Satsuma (*Citrus unshiu* Marc.). ScientiaHorticulturae79: 185-194.

Koutinas N., Pepelyankov G. e Lichhev V. 2010. Indução floral e desenvolvimento de botões florais em macieira e xerez doce. Biotecnologia e Equipamentos Biotecnológicos 24(1):1549-1558.

Lenahan O.M, Whiting M.D e Elfving D.C. 2006. O ácido giberélico inibe a indução do botão floral e melhora a qualidade do fruto da cereja doce 'Bing'. HortScience 641:654-659.

Liu T., Hu Y. Q e Li X.X. 2008. Comparação das alterações dinâmicas nas hormonas endógenas e açúcares entre *Castanea mollissima* anormal e normal. Progresso em Ciências Naturais 18: 685-690.

Pallardy S.G. 2008. Physiology of woody plants (Fisiologia de plantas lenhosas). 3ª ed. Elsevier Inc., EUA. p. 39-377.

Pharis R.P e King R.W. 1995. Gibberellins and reproductive development in seed plants. Revisão Anual de Fisiologia Vegetal 36:517-568.

Salazar-Garcia S. e Lovatt C.J. 1998. A aplicação de GA3 altera a fenologia da floração do abacate 'Hass'. Journal of the American Society forHorticultural Science 123:791-797.

Ulger S., Sonmez S., Karkacier M., Ertoy N., Akdesir O. e Aksu M. 2004. Determinação dos níveis de hormonas endógenas, açúcares e nutrição mineral durante a fase de indução, iniciação e diferenciação e os seus efeitos na formação de flores em oliveira. Regulação do Crescimento das Plantas 42: 89-95.

Wang L. Y., Qin K.J., Wu J.M. e Yu H. 1998. Peónia arbórea chinesa. 1ª ed., China Forestry Publishing House, Pequim, China. China Forestry Publishing House, Pequim, China. pp. 21-25

Weiler E.W., Jordan P.S e Conrad W. 1981. Níveis de ácido indol-3-acético em coleóptilos intactos e decapitados, determinados por um imunoensaio enzimático de fase sólida específico e altamente sensível. Planta 153:561-571.

Wilkie J.D., Sedgley M. e Olesen T. 2008. Regulação da iniciação floral em árvores hortícolas. Journal ofExperimental Botany 59(12): 3215-3228.

Werner T., Motyka V., Strnad M. e Schmulling T. 2001. Regulação da planta por citocinina. PlantBiology 98:10487-10492.

Yang Y.M, Xu C.N., Wang B.M e Jia J.Z. 2001. Efeitos dos reguladores de crescimento das plantas no espessamento da parede secundária das fibras de algodão. Regulação do crescimento das plantas 35: 233-237.

CAPÍTULO 4

Alterações sazonais nos teores de hormonas endógenas e de açúcar durante a dormência dos rebentos na peónia arbórea

Philip M. P.Momya[1] ' ,Fangyun Cheng[1]

[1]*Centro de Investigação Nacional de Engenharia Florestal, Faculdade de Arquitetura Paisagista Universidade Florestal de Pequim, Pequim 100083, China*

[2]*Escola de Gestão de Recursos Naturais, Universidade de Njala, Serra Leoa, África Ocidental*

Resumo

O ensaio para investigar as alterações hormonais e de açúcar nos botões de peónia arbórea associadas à dormência foi realizado no campo, no Local Experimental da Universidade Florestal de Pequim, na China, durante o outono, o inverno e a primavera das épocas de cultivo de 2009/2010 e 2010/2011, os períodos de desenvolvimento e libertação da dormência. O projeto experimental foi um bloco completo aleatório com três (3) repetições. Os níveis de hormonas e açúcares foram determinados, respetivamente, utilizando a técnica de ensaio imunoenzimático (ELISA) e o espetrofotómetro. A temperatura de inverno acumulou ácido abscísico (ABA) e açúcares nos botões de peónia arbórea, o que provavelmente induziu a dormência. A temperatura da primavera, por outro lado, degradou o ABA e os açúcares, e acumulou ácido giberélico (GA3) que possivelmente libertou a dormência nos botões da peónia, indicando que a temperatura ambiental foi o principal regulador dos níveis de hormonas e açúcares que influenciaram a dormência e o crescimento dos botões. Os resultados sugerem que a acumulação de ABA, GA3 e açúcares nos gomos durante a fase de dormência ou de abertura dos gomos parece estar diretamente relacionada com o grau de temperatura registado nessa fase. Enquanto o ABA e o açúcar se acumulam com a diminuição da temperatura, o GA3 acumula-se com o aumento da temperatura. É provável que a redução do ABA e dos açúcares tenha desempenhado um papel importante na libertação da dormência dos gomos ou na quebra dos mesmos.

alteração no crescimento dos gomos das peónias de árvores. Os padrões sazonais de sacarose e amido foram quase os mesmos nos botões das cultivares de peónias arbóreas testadas, o que contradiz estudos anteriores que sugerem uma relação inversa em termos de acumulação no inverno. No entanto, a acumulação sazonal de compostos endógenos varia com o tipo de cultivar. Entre as cultivares investigadas, a cv. Luoyang Hong (LH) não só acumulou menos ABA, GA3 e açúcares, como também libertou a dormência dos gomos mais cedo do que a cv. Zhao Fen (ZF) e cv. High Noon (HN), sugerindo que estas composições internas em LH são menos reactivas às mudanças sazonais de temperatura. A capacidade dos gomos de acumular simultaneamente ABA e reservas de açúcar enquanto estão em estado de dormência pode fornecer uma vantagem adaptativa significativa para as peónias sobreviverem a condições climáticas erráticas, particularmente em regiões temperadas, o que pode ser uma das razões para a disseminação geográfica do género *Paeonia* no mundo.

Palavras-chave: Dormência dos gomos; Hidratos de carbono; Hormona vegetal; Temperatura; Peónia

Introdução

A alternância de um curto período de crescimento com um longo período de dormência é uma caraterística crítica do ciclo de vida das plantas de peónia arbórea (*Paeonia* Sect Moutan.). O alongamento do rebento quase não ocorre durante a dormência. A capacidade de se ajustar às mudanças sazonais de temperatura é essencial para a sobrevivência da planta. Especialmente no inverno, nas regiões temperadas, onde as temperaturas descem normalmente abaixo de 0^0 C, a resistência ao frio das plantas lenhosas é crítica (Burke et al., 1976). Para sobreviverem, as plantas nessas regiões têm de interromper o crescimento no outono, muito antes do início das temperaturas frias. Com a paragem do crescimento e o início da dormência, começam os ajustamentos radicais necessários à sobrevivência das plantas (Weiser, 1970). Este período de dormência e de não crescimento é, portanto, uma resposta adaptativa das plantas lenhosas temperadas às mudanças sazonais de temperatura. Isto adapta os padrões de crescimento ao ambiente, que subsequentemente prepara as plantas para suportar as condições frias do inverno.

Os botões da peónia arbórea brotam, crescem e florescem normalmente na primavera. A diferenciação e o desenvolvimento dos órgãos florais ocorrem no início do verão até ao outono, seguidos da queda das folhas e do endurecimento dos botões nas estações frias do inverno. Geralmente, os botões da peónia arbórea ficam dormentes para sobreviver às condições desfavoráveis no final do outono e no inverno. Wang et al. (1998) notaram que a dormência nas peónias arbóreas começa com o início das baixas temperaturas e condições climáticas severas de inverno, durando até à primavera seguinte. Tanto em condições de campo como de estufa, a libertação da dormência e o crescimento dos botões em rebentos e flores durante a primavera só ocorre após exposição a temperaturas frias suficientes (Byrne e Halevy, 1986; Wang et al., 1998). A temperatura é, portanto, um elemento crítico para a dormência

iniciação/libertação. No entanto, a nossa compreensão destas respostas a nível fisiológico é limitada, em particular o conhecimento sobre a fisiologia subjacente às interações das hormonas e dos hidratos de carbono com a dormência nas peónias arbóreas induzida pelas temperaturas é escasso.

A duração do fotoperíodo influencia grandemente a paragem do crescimento e o início da dormência nas plantas lenhosas (Weiser, 1970; Olsen et al., 1997). No entanto, outros factores como as hormonas (Lavee e May, 1997; Duan et al., 2004), a temperatura (Junttila et al., 2003) e os stresses bióticos e abióticos (Chen e Li 1978) também afectam o momento e o grau de dormência. Diferentes níveis de ácido abscísico endógeno (ABA) estão associados ao desenvolvimento e libertação da dormência nos gomos apicais das plantas (Powell, 1987; Qin et al., 2009). Rashid (2009) observou que concentrações elevadas de ABA afectam a translocação de aminoácidos e açúcares nas plantas. Para além do ABA, as giberelinas (GA) também estão associadas à dormência dos botões apicais. As GA aceleram geralmente o crescimento das plantas. Por exemplo, Qin et al. (2009) observaram que, enquanto as hormonas promotoras do crescimento, como o GA3 (ácido giberélico), o IAA (ácido indol-3-acético) e o ZR (ribosídeo de zeatina) aumentam, as hormonas inibidoras do crescimento, como o ABA, diminuem aquando da libertação da dormência.

Os níveis destas hormonas nos gomos das plantas são também influenciados principalmente pela temperatura. Por exemplo, Pinthus et al. (1989) relataram que o aumento da temperatura aumenta o GA1 endógeno em linhas isogénicas de *Triticum*. Curiosamente, no entanto, Thingnaes et al. (2003) observaram que a temperatura não afecta o nível de GA endógeno em *Arabidopsis thaliana*. Além disso, Welling et al. (1997) observaram que temperaturas decrescentes aumentam os níveis de ABA endógeno em *Betula pubescens*. Assim, é evidente que as mudanças de temperatura podem afetar os níveis hormonais nas plantas.

Por outro lado, a sacarose está associada ao desenvolvimento e libertação da dormência em bolbos de lírio (Nowak et al., 1974). Os relatórios sugerem que, nas plantas, os açúcares solúveis totais aumentam no início das condições de frio, atingem o máximo na resistência total ao frio e diminuem durante a desaclimatação (Sahai e Larcher, 1987). As reservas de açúcar armazenadas são utilizadas na primavera para fornecer energia para o crescimento e desenvolvimento dos rebentos (Otzen e Koridon, 1970).

Estes relatórios, por vezes contrastantes, sublinham a necessidade de mais investigação sobre os papéis das hormonas, dos açúcares e da temperatura na dormência dos botões e no desenvolvimento da flor na peónia arbórea. Na produção comercial de flores de peónia arbórea, tanto em condições de campo como de forçagem, a dormência dos botões e a germinação são processos cruciais que determinam o tempo de floração e a qualidade da flor. Por conseguinte, é importante compreender como as mudanças de temperatura influenciam os níveis de hormonas e açúcares, bem como o momento e o grau de dormência e os processos relacionados. O objetivo deste estudo foi determinar as alterações nos níveis hormonais e de açúcar nos botões associados à dormência durante o outono, o inverno e a primavera em plantas de peónia arbórea. Os resultados do estudo podem não só explicar a base das alterações fisiológicas durante a dormência das peónias, mas também ajudar a melhorar o protocolo da cultura de forçagem de flores na indústria da peónia arbórea.

Materiais e métodos

Materiais vegetais e conceção experimental

Foram selecionadas para a investigação as cultivares enxertadas de oito anos de idade 'Louyang Hong' (LH), 'Zhao Fen' (ZF) e 'High Noon' (HN) de peónia arbórea (*P.* Sect Moutan.) com vigor de crescimento semelhante, cultivadas no campo no local experimental da Universidade Florestal de Pequim, na China. O estudo foi realizado durante duas épocas consecutivas de cultivo de peónias de 2009 e 2010. Na experiência, foi utilizado o desenho de blocos completos aleatórios com três réplicas. Uma longa linha de cultivo composta por 5 parcelas de tratamento constituiu cada réplica com 12 plantas por parcela. Cada tratamento na unidade experimental consistiu em três (3) linhas de cultura, cada uma com 70 cm entre si e 45 cm dentro da linha. A distância entre cada repetição era de 1 m entre si e 0,5 m entre cada tratamento.

Colheita de amostras de plantas

Em ambos os ensaios, as plantas foram selecionadas no final do verão, altura em que os rebentos ainda conservavam em grande parte as suas folhas e a diferenciação dos botões florais estava em curso. As amostras foram recolhidas antes da queda das folhas no outono (final de setembro a meados de outubro); durante a acumulação de frio no inverno (meados de dezembro a meados de janeiro) e após a condição de frio na primavera (março).

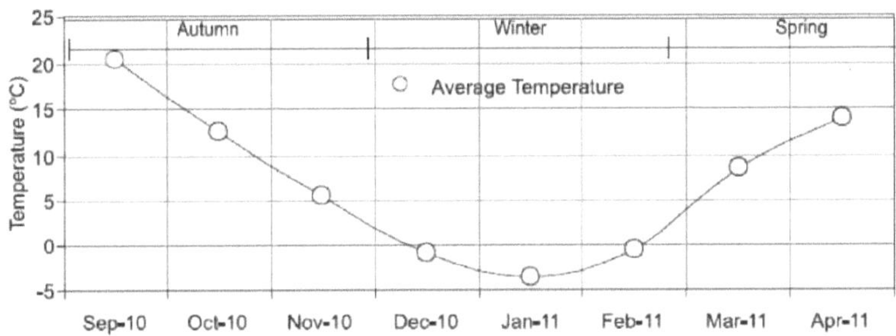

Figura 1: Evolução da temperatura média mensal para os períodos de outono, inverno e primavera de

Épocas de colheita de 2010 e 2011

Especificamente, a recolha de amostras para ambos os ensaios teve início no outono (em 29 de setembro e 28 de setembro) e no inverno (em 17 de dezembro e 16 de dezembro) das épocas de colheita de 2009 e 2010, respetivamente. As amostras foram recolhidas três vezes durante cada período de amostragem, a intervalos de 15 dias, com pelo menos 10 botões apicais recolhidos aleatoriamente de cada vez como material de amostra. A recolha de amostras na primavera (2010 e 2011) visou as fases 1, 2 e 3 do desenvolvimento dos gomos, que ocorreram após a libertação da dormência (ver também Cheng et al., 2001). As amostras de primavera visaram as fases de desenvolvimento dos gomos acima mencionadas, não só porque cada gomo de peónia arbórea se separa em folhas, rebentos e flores durante este período, mas também devido ao elevado aborto de gomos associado à planta após estas fases (Cheng et al., 2001). As amostras de botões foram colhidas com tesouras de podar limpas, lavadas em água destilada e imediatamente colocadas numa caixa de gelo. As amostras foram depois transportadas para o laboratório, mergulhadas em nitrogénio líquido e armazenadas a -80^0 C até à extração das hormonas vegetais e dos açúcares e ao momento das análises.

Intensidade de dormência do rebento

O grau de dormência foi estimado indiretamente em termos de resposta ao abrolhamento em condições de campo. Cerca de 120 gemas de cada cultivar foram selecionadas aleatoriamente e analisadas quanto à porcentagem de liberação de dormência das gemas e dias para a quebra de dormência. A percentagem de libertação da dormência dos gomos foi calculada como o número de gomos em forma de balão ou inchados com escamas verde-púrpura.

Morfologia do rebento

Os gomos apicais dos rebentos foram colhidos aleatoriamente para observação morfológica rigorosa. Cerca de 27 botões foram selecionados aleatoriamente para este fim. As imagens foram fotografadas utilizando um microscópio LEICA DFC500 assistido por computador (ver Fig. 2).

Extração, purificação e quantificação de hormonas

Com ligeiras modificações, a extração, purificação e quantificação dos níveis de GA3 e ABA endógenos foram feitas utilizando a técnica ELISA como descrito em He (1993) e Yang et al. (2001). Amostras de botões de peso fresco (0,5 g) foram homogeneizadas em 5 ml de metanol 80% (v/v), contendo 1 mmol.L^{-1} hidroxitoluência butilada (BHT) como antioxidante. Cerca de 30 mg de dióxido de silício e 20 mg de polivinilpolipirrolidona (PVP) foram adicionados ao homogenato para, respetivamente, facilitar a trituração e remover o fenol. Os extractos foram incubados durante a noite a 4^0 C, transferidos na manhã seguinte para tubos de ensaio de 10 ml e centrifugados a 6000 rpm durante 20 min. O sobrenadante foi passado através de um cartucho $C18$ Sep-Pak (Waters Corp., Milford, MA) e seco em N2. Os resíduos foram dissolvidos em 0,01 mol. L^{-1} de tampão fosfato salino (PBS) com pH 7,5 para a determinação dos níveis de GA3 e ABA. Os antigénios monoclonais de ratinho e os anticorpos contra GA3, ABA e IgG-peroxidase de rábano utilizados foram produzidos pelo Phytohormones Research Institute, China Agricultural University, Beijing, China. As placas de microtitulação (Nunc) foram revestidas com GA3 sintético e com conjugados ABA-ovalbumina em 50 mmol.L^{-1} de solução tampão NaHCO3 (pH 9,6), e mantidas durante a noite a 37 °C. Para bloquear a ligação inespecífica, foram adicionados a cada poço 10 mg ml^{-1} de solução de ovalbumina. Após incubação a 37 ºC durante 30 minutos, foram adicionadas amostras padrão de GA3 e ABA e

anticorpos, que foram incubados durante mais 45 minutos a 370 ºC. Adicionou-se então a cada

alvéolo imunoglobulina de cabra anti-coelho marcada com peroxidase de rábano e incubou-se durante

1 hora a 37 ºC. Em seguida, adicionou-se o substrato enzimático tamponado (ortofenilenodiamino) e

a reação enzimática foi conduzida no escuro a 37 oc durante 15 minutos, sendo novamente

interrompida com 3 mol. L^{-1} H2SO4. O registador ELISA (modelo DG-3022 A; Huadong

Electron Tube Factory, Shanghai, China) para medir a densidade ótica de cada poço a A490 nm. Os

cálculos dos dados do ensaio imunoenzimático foram efectuados de acordo com Weiler et al. (1981).

Os resultados foram apresentados em termos de média e ±SE (erro padrão) para as três réplicas. Neste

estudo, a percentagem de recuperação de cada hormona foi calculada adicionando uma quantidade

conhecida de hormona padrão a um extrato dividido. As recuperações percentuais foram >90% e as

curvas de diluição do extrato de amostra foram paralelas às curvas padrão. Isto indica que não existem

inibidores inespecíficos nos extractos.

Extração e análise de açúcares solúveis

Os materiais de botões de peso fresco (1,0 g) foram triturados em 20 ml de água destilada e extraídos

em banho-maria a 80^0 C durante 30 min. A suspensão foi centrifugada durante 10 minutos a 6000

rpm. Enquanto o sobrenadante foi utilizado para determinar os níveis de sacarose e de açúcar R, os

pellets foram utilizados para determinar os níveis de amido. A sacarose e o amido foram determinados

utilizando o reagente de antrona, com glucose como padrão. Este método segue o método de

colorimetria da antrona, modificado para a determinação de açúcares não redutores por Xue e Xia

(1985). O açúcar R, por outro lado, foi determinado colorimetricamente com ácido dinitrosalicílico.

A absorvância foi então determinada utilizando um espetrofotómetro (TU-1901).

Análise estatística

As análises estatísticas foram efectuadas utilizando o Statistical Package for Social Scientists (SPSS).

Os valores médios sazonais das hormonas e dos açúcares foram utilizados na análise ANOVA unidirecional *ap<0,05* e *n* = 3. Com base nisto, foram calculados os ±SE (erros padrão).

Resultados

Morfologia do rebento, dormência e temperatura

A temperatura média mensal para o período da estação dos rastos está representada na Fig. 1. Antes da queda das folhas pelas plantas no outono, a parte exterior dos botões apicais era de cor verde e começou a envolver-se em dois ou mais pares de escamas de botões. Durante este período, a temperatura média foi de $21/8^0$ C (dia/noite). Durante o inverno, (quando a temperatura média era de 3 oc durante o dia e de -7 0C durante a noite), as plantas perderam todas as folhas e os gomos terminais estavam completamente fechados em escamas. Embora o alongamento celular tenha cessado, uma vez que não se observou qualquer crescimento visível de botões durante este período, a divisão celular permaneceu ativa, resultando no desenvolvimento do órgão floral e na alteração da cor externa do botão de verde para castanho (Fig. 2B). Além disso, durante este período, as estruturas do rebento e das pétalas estavam ordenadamente agrupadas, distinguidas por uma cor diferente com uma medula central mais larga no botão (Fig. 2E). Quando as temperaturas se tornaram mais quentes na primavera (com uma temperatura média diurna de 10 oc e uma temperatura nocturna de 5 oQ, os botões começaram a brotar. Os botões incharam e as escamas exteriores tornaram-se carnudas, brilhantes e mudaram de cor de castanho para verde-púrpura. Internamente, o rebento e a pétala tornaram-se frouxamente compactados e a medula central desapareceu nos botões (Fig. 2C&F).

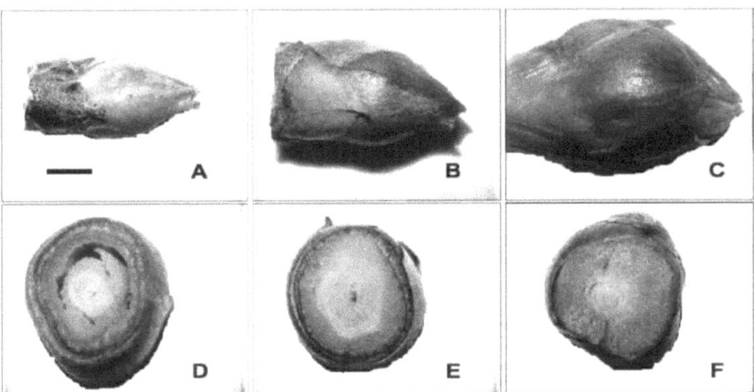

Figura 2: Imagens de amostras fotografadas das mudanças morfológicas do broto apical usando o microscópio LEICA DFC500 auxiliado por computador (barra de escala: 0,5 cm). As parcelas A, B &C mostram a vista lateral das alterações morfológicas do botão apical da cultivar 'Luoyang Hong' no outono, inverno e primavera, respetivamente. As parcelas D, E & F mostram a vista vertical das alterações estruturais dos botões apicais internos da cultivar 'Luoyang Hong' no outono, inverno e primavera, respetivamente. A cultivar "Luoyang Hong" é a mais popular utilizada para forçar a floração e tem um elevado valor ornamental na China.

Intensidade de dormência dos rebentos

A intensidade de dormência dos botões de peónia arbórea foi calculada através da determinação da percentagem de abrolhamento e dos dias até ao abrolhamento das cultivares. Para os gomos 'LH', observou-se 100% de abertura de gomos em 9 de março de 2010 e 6 de março de 2011 em ambos os ensaios. Foi de 65% para 'ZF' e 0,0% para gemas 'HN'. A libertação de 100% da dormência dos gomos foi observada em 'HN' em 18 de março de 2010 e 15 de março de 2011, cerca de 10 e 7 dias após a libertação da dormência dos gomos em 'LH' e 'ZF', respetivamente (Quadro 1). Para calcular a diferença na intensidade da dormência das gemas em cada cultivar, foram calculadas a porcentagem de brotação e os dias para a brotação (Tabela 1). Com base nos cálculos, a 'HN' teve a menor percentagem de brotação, enquanto a 'LH' teve a maior percentagem de brotação em 9 de março de 2010 e 6 de março de 2011. Houve um número significativo de dias para 60% de brotação em 'HN'

(165 d) do que em 'LH' (155 d) e 'ZF' (162,5 d) (Tabela 1).

Quadro 1: Percentagem de rebentação e número de dias para 60% de libertação pós-dormência na peónia arbórea.

Year	Variable	Percent bud-break after dormancy release (%)		
		LH	ZF	NH
2010	March 4	<60	0.0	0.0
	March 9	100	<60	0.0
	March 14	—	100	<60
	March 18	—	—	100
2011	March 2	<60	0.0	0.0
	March 6	100	<60	0.0
	March 11	—	100	<60
	March 15	—	—	100
	Day count	Average number of days to 60% dormancy release.		
		155.5	162.5	165

As observações de campo mostraram que a libertação da dormência dos gomos foi mais precoce em 'LH'. Os dias 14 de março de 2010 e 11 de março de 2011 coincidiram com o estádio 3 (aparecimento de rebentos) do desenvolvimento dos gomos após a libertação da dormência em 'LH' (Cheng et al., 2001), que coincidiu com os estádios I (inchaço dos gomos) e II (brotamento dos gomos) do desenvolvimento dos gomos após a libertação da dormência em 'HN' e 'ZF', respetivamente; indicando que existiam diferenças de pelo menos 4 dias no desenvolvimento dos gomos após a libertação da dormência entre as três cultivares. Isso sugere que as datas de liberação da dormência em 'LH', 'ZF' e 'HN' foram 2-4 de março, 6-9 de março e 11-14 de março, respetivamente.

Conteúdo hormonal do rebento

Nos gomos das cultivares testadas, diferentes níveis de ABA e GA3 foram induzidos por diferentes regimes de temperatura, com padrões visíveis de mudança ao longo do ano. Para todas as cultivares, os níveis de ABA nos gomos foram geralmente elevados no outono, mas atingiram o pico no inverno e depois caíram para os níveis mais baixos na primavera (Fig. 3A). Por outro lado, os níveis de GA3 endógeno aumentaram gradualmente desde o outono, passando pelo inverno, até à primavera. No entanto, quando comparados com 'ZF' e 'HN', os gomos da cultivar 'LH' acumularam menos ABA e GA3 induzidos por mudanças de temperatura (Fig. 3).

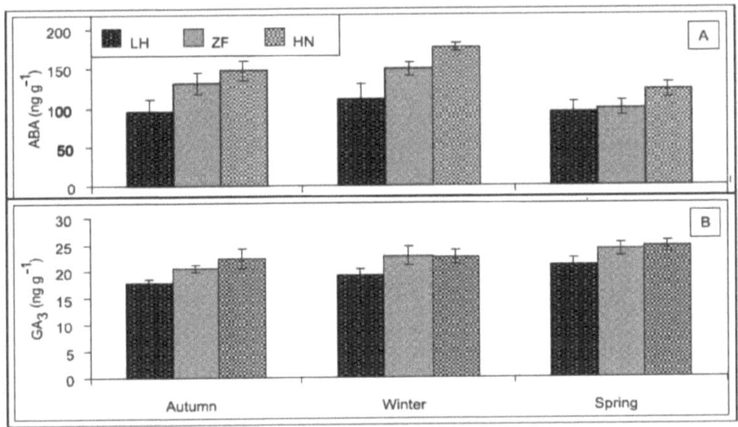

Figura 3: Teores médios de peso fresco (FW) das hormonas ABA (A) e GA3 (B) nos botões de peónia arbórea no outono, inverno e primavera das épocas de cultivo de 2009 e 2010. As barras representam a média ±SE (erro padrão) para as três extracções replicadas em cada estação (*n=3*)

Teor de açúcar dos botões

Os níveis de açúcar nas cultivares têm padrões distintos de mudança com a mudança de temperatura sazonal. A dinâmica do amido, sacarose e açúcar R seguiu mais ou menos a do ABA. Foi baixa no outono, atingiu o pico no inverno e voltou a descer na primavera (Figs. 4A, B & C). Embora os níveis de açúcares tenham geralmente diminuído do inverno para a primavera, a diminuição na primavera foi mais acentuada para a sacarose e o açúcar R do que para o amido. Entre as cultivares testadas, a hidrólise do amido foi mais pronunciada em 'LH' do que em 'ZF' e 'HN'. A sacarose foi o principal hidrato de carbono acumulado no inverno, seguido do açúcar R e depois do amido nas cultivares testadas, tendo as cultivares 'ZF' e 'HN' acumulado mais amido do que a 'LH'.

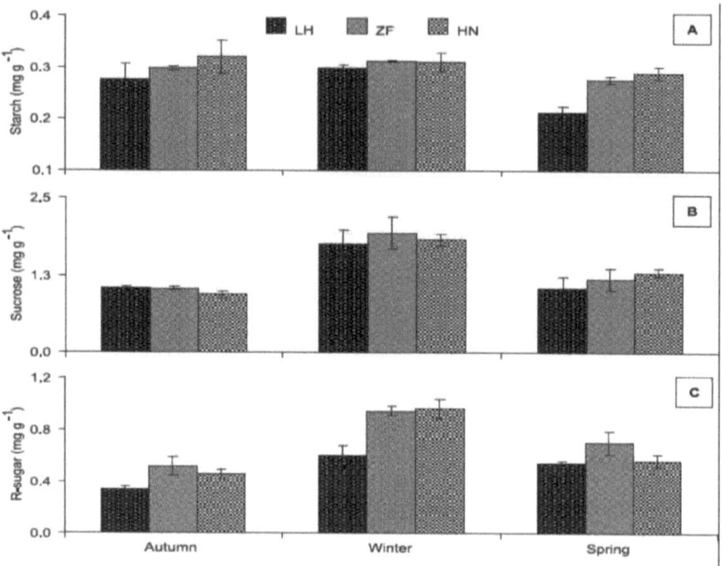

Figura 4: Teores médios de peso fresco (FW) de amido (A), sacarose (B) e açúcar R (C) na árvore

botões de peónia no outono, inverno e primavera das épocas de cultivo de 2009 e 2010. As barras representam a média ± EEP (erro padrão) para as três extracções repetidas em cada estação ($n=3$)

Discussões

Morfologia do rebento, dormência e temperatura

As peónias arbóreas têm um único botão para a produção de folhas, rebentos e flores (botão misto). A acumulação de baixas temperaturas aumenta normalmente a necessidade de arrefecimento necessária para o crescimento dos botões florais. O desenvolvimento dos botões florais da peónia arbórea começa normalmente no final do verão, seguido da senescência das folhas e da dormência dos botões. O desenvolvimento dos botões só recomeça após uma vernalização a frio suficiente, seguida da floração na primavera (Wang et al., 1998). Devido a incertezas nos mecanismos fisiológicos, genéticos e bioquímicos da dormência, é difícil desenvolver uma definição completa e exacta do termo. Lang et al. (1987) definiram três fases fisiologicamente descritivas da dormência: paradormência, que se refere à dormência de verão ou inibição correlativa; eco-dormência, que é a quiescência; e endo-dormência, que se refere ao repouso. Salvo indicação em contrário, esta definição será utilizada no resto da presente secção e a endodormência será referida como dormência.

Os eventos distintos que ocorreram durante a fase de dormência incluem a queda de folhas pela planta, o fechamento completo dos gomos em escamas, a mudança na cor externa dos gomos para castanho, a cessação do crescimento visível dos gomos e o acondicionamento ordenado dos órgãos florais nos gomos. Os caules e os gomos acabaram por se tornar importantes como local de receção de sinais do fotoperíodo e de estímulos de baixas temperaturas. As mudanças marcantes durante a fase de libertação da dormência foram o inchaço dos gomos, a mudança da cor externa dos gomos de castanho para verde-púrpura e a perda do órgão floral dentro dos gomos, juntamente com o desaparecimento da medula central.

Tendência da Hormona, Dormência e Temperatura

A dormência está sempre intimamente relacionada com a temperatura (Junttila et al., 2003; Molmann et al., 2005). A temperatura induz alterações nos níveis hormonais, que por sua vez induzem a dormência nas plantas. As hormonas determinam a resposta das plantas aos sinais ambientais (Weigel, 1995). Apesar de investigações anteriores terem demonstrado que o fotoperíodo é um estímulo ambiental básico para a indução de dormência, as hormonas também podem regular muitos outros aspectos da dormência, como o seu momento e intensidade. Vários estudos atribuíram o desenvolvimento da dormência dos gomos em espécies lenhosas à diminuição da temperatura e ao aumento dos níveis de ABA (Rinne et al., 1994; Welling et al., 1997; Molmann et al., 2005). Há também estudos que atribuem o desenvolvimento da dormência dos gomos ao aumento das temperaturas (Fuchigami et al., 1982; Palonen, 2006). Neste estudo, o aumento dos níveis de ABA coincidiu com a diminuição das temperaturas de inverno e com o desenvolvimento da dormência nos botões das cultivares de peónia arbórea testadas. Com o aumento da temperatura na primavera, o nível de ABA diminuiu substancialmente. Os nossos resultados demonstraram que os níveis das hormonas ABA e GA3 estão intimamente relacionados com a dormência dos gomos e a libertação induzida pelas mudanças de temperatura nas cultivares testadas. O aumento dos níveis de ABA no inverno e a sua diminuição na primavera implica que as temperaturas do inverno podem ter induzido a acumulação de ABA, o que, por sua vez, resultou no desenvolvimento da dormência dos gomos. As temperaturas de inverno podem desencadear a biossíntese ou retardar a degradação do ABA nos gomos. As conclusões deste estudo sobre a relação temperatura-ABA na peónia arbórea são consistentes com as de Junttila et al. (2003) e Rinne et al. (1994) para *Betula spp* e Powell (1987) para outras plantas lenhosas.

A relação entre GA3 endógeno, dormência dos gomos e temperatura também foi investigada por Lavee e May (1997) em uvas, Qin et al. (2009) em maçãs e Duan et al. (2004) em cereja doce. Estes estudos concluíram que, embora a baixa temperatura diminua o nível de GA3 nos gomos durante a dormência, este aumenta, no entanto, durante a libertação da dormência com o aumento da temperatura. Buchheim et al. (1994) também relataram um efeito positivo do GA3 na libertação da dormência do epicótilo em embriões de peónia herbácea em cultura. Neste estudo, os níveis de GA3 aumentaram com o aumento das temperaturas durante a primavera em todas as cultivares testadas. O aumento do nível de GA3 coincidiu com a fase de brotação do botão, o que indica a libertação da dormência do botão nas cultivares de peónia arbórea testadas. A relação inversa aparente nas tendências entre GA3 e ABA (ou seja, os níveis de GA3 aumentam à medida que os níveis de ABA diminuem com o aumento da temperatura) é consistente com o que é geralmente conhecido como interação antagónica entre GA3 e ABA no que diz respeito à mudança de temperatura. Trabalhos anteriores demonstraram que o ABA deve cair para um nível limite além do qual a atividade do GA3 pode aumentar para induzir a liberação da dormência do botão. Um aumento nos níveis de GA3 durante a liberação da dormência na primavera foi observado em todas as cultivares testadas. O resultado não apenas sugere que ABA e GA3 têm efeitos opostos na liberação da dormência, mas também regulam a dormência nas plantas. Os respectivos níveis altos e baixos de ABA e GA3 possivelmente inibem e promovem a produção de RNA essencial (Alexopoulos et al., 2008) para a translocação fonte-fundo de aminoácidos e açúcares (Rashid, 2009), que por sua vez inibem e promovem respetivamente o crescimento de botões em peónias arbóreas. O declínio do nível de ABA na primavera possivelmente induziu o metabolismo de GA3, resultando num aumento do nível de GA3. O GA3 está normalmente associado à aceleração do crescimento nas plantas (Qin et al., 2009).

Evolução do açúcar, da dormência e da temperatura

As variações sazonais nos níveis de açúcares são registadas nas plantas lenhosas. De um modo geral, os açúcares solúveis totais das plantas começam a aumentar no início da aclimatação ao frio no inverno, atingem o máximo na resistência total ao frio e diminuem na desaclimatação na primavera (Sahai e Larcher, 1987; Kozlowski, 1992; Pallardy, 2008). A dinâmica sazonal observada dos açúcares também foi notada neste estudo, na medida em que o aumento dos níveis de amido, sacarose e açúcar R coincidiu com a diminuição da temperatura no inverno e depois diminuiu com o aumento da temperatura na primavera. O aumento dos teores de amido, sacarose e açúcar R também coincidiu com o desenvolvimento da dormência dos gomos e depois diminuiu durante a libertação da dormência. Isto implica que o aumento da biossíntese destes elementos pode ser central para a aclimatação ao frio e que os seus níveis podem regular o desenvolvimento e a libertação da dormência dos gomos nas peónias arbóreas.

A subida dos níveis de açúcar no inverno e a descida na primavera podem ser causadas não só pelas mudanças de temperatura, mas também pelas necessidades de desenvolvimento dos botões. As plantas de peónia arbórea geralmente perdem todos os rebentos vegetativos durante o período de inverno. Portanto, quantidades mínimas de açúcares podem ser tudo o que é necessário para a respiração e manutenção dos botões durante o inverno. Quaisquer reservas armazenadas de açúcares podem ser usadas na primavera seguinte para fornecer energia para o crescimento de rebentos em desenvolvimento (Otzen e Koridon, 1970). Estudos sugerem que a sacarose se acumula durante a dormência dos gomos no inverno e se degrada durante a primavera, quando o crescimento dos gomos recomeça, ao passo que o nível de amido apresenta relações inversas (Miller e Langhans, 1990; Kozlowski, 1992). Neste estudo, foram observados padrões de mudança sazonal semelhantes na sacarose e no amido dos botões de peónia arbórea - ambos os elementos atingiram o pico no inverno e diminuíram na primavera.

A sacarose foi a principal forma de açúcares acumulados nas cultivares testadas (ver Fig. 4B), o que sugere que, apesar das variações sazonais e de cultivar, a sacarose é a principal fonte de açúcar na peónia arbórea. Pode ser principalmente derivada da transformação do amido armazenado para fornecer energia e esqueleto de carbono para a síntese de aminoácidos, lípidos e metabolitos necessários para o crescimento da planta (Kozlowski, 1992; Pallardy, 2008). A hidrólise do amido foi menor na primavera, mas, no entanto, o inverso é válido para a sacarose e o açúcar R. Mesmo assim, a hidrólise do amido entre as cultivares testadas foi maior em 'LH' do que em 'HN' e 'ZF' (Fig. 4A). Isso sugere que a degradação do amido aumenta os níveis de açúcar em 'LH', o que poderia ser uma das principais razões para a brotação precoce dos botões, já que o açúcar é necessário para sustentar o desenvolvimento dos botões florais (Kozlowski, 1992; Pallardy, 2008). O amido acumulado durante o inverno, quando os gomos estão em estado de dormência, e depois convertido em açúcar durante a libertação da dormência na primavera, pode aliviar os danos provocados pelo congelamento dos gomos e é de grande importância, uma vez que aumenta o potencial osmótico na célula, aumentando assim a resistência à geada (Krabel et al., 1994). A conversão de amido em açúcar coincidiu com o aumento do nível de GA3, indicando que os processos que levam à síntese de amilase são controlados pelo GA3.

Menores acumulações de ABA, GA3 e níveis de açúcar nos botões de 'LH' seguidos por 'ZH' e 'HN' indicam que a resposta dessas composições internas às mudanças de temperatura foi mais lenta em 'LH' do que em 'ZF' e 'HN'. Este facto pode ser atribuído às diferenças genéticas entre as três cultivares. As variações na capacidade de acumular ABA, GA3 e açúcares podem influenciar a profundidade da dormência nessas cultivares, como claramente manifestado em sua porcentagem de brotação e dias para a liberação da dormência (Tabela 1). Observou-se que as mudanças nas composições internas das cultivares testadas foram desencadeadas por baixas temperaturas e, portanto, variação no tempo de liberação da dormência. Comparada com a 'ZF' e a 'HN', a 'LH', que apresentou a menor alteração no ABA, GA3 e açúcares dos gomos, quebrou a dormência mais cedo, com a maior percentagem de abertura de gomos em menos dias (155 dias) (Quadro 1), indicando que a intensidade da dormência foi menor na 'LH' e, por conseguinte, pode exigir menores temperaturas baixas cumulativas e satisfação das necessidades de arrefecimento.

Enquanto houve uma diferença de cerca de 7 dias na libertação da dormência entre 'LH' e 'ZF', esta foi de 10 dias entre 'LH' e 'HN'. Na primavera, os níveis de sacarose dos gomos em 'ZF' e 'HN' eram ligeiramente mais elevados do que em 'LH'. Níveis elevados de sacarose podem inibir o crescimento dos gomos (Kozlowski, 1992; Katovich et al., 1998) e este pode ser outro fator para a brotação precoce dos gomos de 'LH' na primavera. Assim, baixos níveis de ABA e açúcares podem ser essenciais para a libertação da dormência e transformação dos gomos nas peónias arbóreas. A capacidade dos gomos de acumular simultaneamente ABA e reservas de açúcar enquanto estão em estado de dormência pode fornecer um

A vantagem adaptativa significativa das peónias para sobreviver ao clima errático, particularmente nas regiões temperadas. Esta pode ser uma das razões da dispersão geográfica do género *Paeonia* no mundo.

Conclusões

A dormência no inverno é provavelmente causada pelo aumento dos níveis de ABA, amido, sacarose e açúcar R nos botões da peónia arbórea, o que, por sua vez, inibe o crescimento das estruturas florais. Embora estes elementos tenham atingido o seu pico no inverno, voltaram a cair para vários níveis com o aumento das temperaturas na primavera. O GA3 apresentou um aumento constante desde o outono até à primavera. Os resultados sugerem que, enquanto as acumulações de ABA e de açúcares inibem o crescimento dos botões da peónia arbórea, a acumulação de GA3 e as degradações de ABA e de açúcares facilitam-no, sendo a temperatura um fator regulador. Em comparação com 'ZF' e 'HN', os teores de ABA, GA3 e açúcares em 'LH' foram menos reactivos às mudanças sazonais de temperatura, o que resultou numa menor acumulação e numa libertação precoce da dormência em 'LH'. Para, portanto, regular a quebra de dormência a favor da produção comercial de flores de peónia arbórea, a regulação de ABA, GA3 e açúcares pode ser necessária para a libertação atempada da dormência. Os gomos da peónia podem ser condicionados em estufas para induzir a germinação dos gomos, o crescimento dos rebentos e a subsequente produção de flores em alturas adequadas do ano.

Agradecimentos

Este trabalho foi financiado pelo Programa Nacional de Apoio à Ciência e Tecnologia da China (2006BAD01A1801), pelo Projeto-chave para a Investigação Científica Florestal (2006-40) e pelo Projeto Co-construtivo do Comité de Educação de Pequim (2009).

Referências

Alexopoulosa A.A, Aivalakis G., Akoumianakisa K.A e Passama H.C. 2008. Efeito do ácido gebberélico na duração da dormência de tubérculos de batata produzidos por plantas derivadas de sementes de batata verdadeiras. Postharvest Biology and Technology 49, 424-430.
Buchheim J.A.T, Burkhartand L.F e Meyer Jr. M.M. 1994. Effect of exogenous gibberellic acid, abscisic acid and benzylaminopurine on epicotyl dormancy of cultured herbaceous peony embryos. Plant cell, Tissue and Organ Culture 36, 35-43.
Burke M.J, Gusta L.V, Quamme H.A, Weiser C.J, e Li P.H. 1976. Congelamento e lesões em plantas. Annual Review ofPlantPhysiology 27, 507-528.
Byrne T.G e Halevy A.H. 1986. Forçar as peónias herbáceas. Journal of the American society forHorticultural Science 111, 379-383.
Chen H.H e Li P.H. 1978. Interação entre a temperatura, o stress hídrico e os dias curtos na indução da resistência à geada do caule em dogwood red-osier. Plant Physiology 62, 833835.
Cheng F.Y, Aoki N. e Liu Z.A. 2001. Desenvolvimento de peónia forçada e estudo comparativo do efeito de pré-refrigeração em cultivares chinesas e japonesas. Journal of the Japanese society forHorticultural Science 70 (1), 46-53.
Duan C.G., Li X.L., Gao D.S. e Li M. 2004. Estudos sobre a regulação das hormonas endógenas ABA e GA3 nos botões de cereja doce durante a dormência. Ata Horticulturae Sinica31, 149-154.
He Z. 1993. Guia de Experimentação sobre Controlo Químico em Plantas de Cultivo. Páginas 60-68 *em* Z He, eds. Guidance to Experiment on Chemical Control in Crop Plants, Beijing Agricultural University Publishers, Beijing.
Junttila O., Nilsen J. e Igeland B. 2003. Effect of temperature on the induction of bud dormancy in ecotypes of *Betula pubescens* and *Betula pentandra*. Scandinavian Journal ofForestResearch 18, 208-217.

Katovich E.J.S., Becker R.L., Sheaffer C.C., Halgerson J.L. 1998. Flutuações sazonais dos níveis de hidratos de carbono nas raízes e na coroa da loosestrife roxa (*Lythrum salicaria*). Ciência das ervas daninhas 46, 540-544.

Kozlowski T.T. 1992. Fontes e sumidouros de hidratos de carbono em plantas lenhosas. Bot Rev 58: 107-222.

Krabel D., Bodson M., e Eschrich W. 1994. Mudanças sazonais no câmbio das árvores. I. Teor de sacarose em *Thuja occidentalis*. Botanical Ata 107, 54-59.

Lang G.A., Early J.D., Martin G.C., e Darnell R.L. 1987. Endo-, para- e ecodormência: terminologia fisiológica e classificação para pesquisa de dormência. HortScience 22, 371-377.

Lang G.A. 1996. Dormência das plantas: Physiology, biochemistry, and molecular biology. CBA International, Oxford.

Lavee S. e May P. 1997. Dormência dos gomos de videira - factos e especulações. Australian Journal of Grape and Wine Research 3, 31-46.

Molmann J.A., Asante D.K.A., Jensen J.B., Krane M.N., Ernstsen A., Junttila O. e Olsen J.E. 2005. A baixa temperatura nocturna e a inibição da biossíntese de giberelina anulam a ação do fitocromo e induzem a formação de gemas e a aclimatação ao frio, mas não a dormência em PHYA sobreexpressores e no tipo selvagem de álamo híbrido. Plant, Cell, Env 28(12), 15791588.

Nowak J., Saniewsky M. e Rudnicki R. M. 1974. Estudos sobre a fisiologia dos bolbos de jacinto (*Hyacinthus orientalis*). I. Teor de açúcar e actividades metabólicas em bolbos expostos a baixas temperaturas. Journal ofHorticultural Science 49, 383-390.

Olsen J.E., Jensen E., Junttila O. E Moritz T. 1995. Photoperiodic control of endogenous gibberellins in roots and shoots of elongating *Salix pentandra* seedlings. Physiology Plant 90, 378-381.

Olsen J.E., Junttila O. e Moritz T. 1997. *A* rebentação induzida por um dia longo em *Salix pentandra* está associada a níveis transitoriamente elevados de GA1 e a um aumento gradual do ácido indol-3-acético. Plant Cell Physiology 38(5), 536-540.

Otzen D. e Koridon A.H. 1970. Flutuações sazonais das reservas orgânicas de alimentos em partes subterrâneas de *Cirsium arvense* (L.) Scop. e *Tussilago farfara* L. Ata Bot Neerl 19, 495-502.

Pallardy S.G. 2008. Physiology of woody plants (Fisiologia de plantas lenhosas). Elsevier Inc. EUA.

Powell L.E. 1987. O controlo hormonal da dormência de gemas e sementes em plantas lenhosas. In: P.J. Davies, (eds.). Plant Hormones and their Role in Plant Growth and Development. Martinus Nijhoff, Dordrecht, pp 539-552

Palonen P. 2006. Crescimento vegetativo, aclimatação ao frio e dormência afectados pela temperatura e pelo fotoperíodo em seis cultivares de framboesa vermelha (*Rubus idaeus* L.). European Journal of Horticultural Science 72(4), 1-6.

Pinthus M.J., Gale M.D., Appleford N.F..J e Lenton J.R. 1989. Effect of temperature on gibberellin (GA) responsiveness and on endogenous GA1 content of tall and dwarf wheat genotypes. Plant Physiology 90, 854-859.

Qin D., Wang J.Z., Guo J.M. e Zhai H. 2009. A relação entre as hormonas endógenas e a germinação tardia em gomos de maçã avrolles. Agricultural Science in China 8(5), 564-571.

Rashid A. 2009. Molecular physiology and biotechnology of flowering plants (Fisiologia molecular e biotecnologia das plantas com flor). Alpha Science International Ltd. Oxford, Reino Unido.

Rinne P., Tuominen H. e Junttila 0.1994. Mudanças sazonais na dormência do botão em relação à morfologia do botão, conteúdo de água e amido e concentração de ácido abscísico em árvores adultas de *Betulapubescens*. TreePhysiology 14, 549-561.

Sakai A. e Larcher W. 1987. Sobrevivência das plantas à geada, respostas e adaptações ao stress de congelação. Estudos Ecológicos 62. Springer-Verlag, Berlim, Alemanha.

Thingnaes E., Tore S., Ernstsen A. e Moe R. 2003. Respostas diurnas e nocturnas à temperatura em *Arabidopsis*: efeitos no conteúdo de giberelina e auxina, tamanho das células, morfologia e tempo de floração. Annals ofBotany 92, 601-612.

Wang L.Y., Qin K.J., Wu J.M e Yu H. 1998. Peónia arbórea chinesa. China Forestry Publishing House, Pequim, China.
Weigel D. 1995. A genética do desenvolvimento da flor: Da indução floral à morfogénese do óvulo. Aunnual Review of Genetics 29, 19-39.
Welling A., Kaikuranta P. e Rinne P. 1997. Indução fotoperiódica de dormência e tolerância ao congelamento em *Betulapubescens*. Envolvimento de ABA e dehydrins. Plant Physiology 100, 119-125.
Yang Y.M., Xu C.N., Wang B.M. e Jia J.Z. 2001. Efeitos do crescimento da planta Reguladores do espessamento da parede secundária das fibras de algodão. Regulação do Crescimento das Plantas 35, 233-237.

CAPÍTULO 5

Efeito do tratamento combinado de resfriamento e GAs na abertura de botões em plantas forçadas
[i]LuoyangHong Peónia (PaeoniasuffruticosaAndr.)

Philip M. P. Mornya[1, 2] " e Cheng Fangyun[1]

[1]Centro Nacional de Investigação em Engenharia Florestal, Faculdade de Arquitetura Paisagista, Universidade Florestal de Pequim, Pequim 100083, China

[2]Escola de Gestão de Recursos Naturais, Universidade de Njala, Serra Leoa, Private Mail Bag, Freetown

Resumo

Esta investigação investigou o efeito do tratamento combinado de arrefecimento e GA3 no aborto de botões da peónia arbórea em condições de estufa para determinar a dinâmica das hormonas exógenas e os efeitos do arrefecimento no aborto de botões. Uma investigação desta natureza aumentará a compreensão dos efeitos do GA3 e do nível de arrefecimento no desenvolvimento da flor, promovendo assim técnicas de cultivo fora de época em peónias de árvores para aumentar a produção que satisfaz a procura do mercado. Os níveis de hormonas e de açúcares na peónia arbórea 'Luoyanghong' foram determinados, respetivamente, utilizando a Cromatografia Líquida de Alto Desempenho (HPLC) e o espetrofotómetro. O arrefecimento sem vaso com 200 mg·L^{-1} O tratamento com GA3 reduziu a taxa de aborto de gemas. A taxa de floração7e em plantas não envasadas com 200 mg·L^{-1} GA3 foi de 58%, contra 21% em plantas envasadas com 200 mg·L^{-1} GA3. O acúmulo de açúcar em botões florais retidos ou abortados foi inversamente relacionado ao nível de ABA. Baixos níveis de ABA e altos níveis de açúcar foram observados em botões retidos, enquanto o inverso induziu o aborto de botões. O nível de ABA aparentemente inibiu a sacarose e reduziu a absorção de açúcar nos botões abortados, enquanto o GA3 aumentou a absorção de sacarose nos botões retidos. Os níveis de GA3 e IAA foram mais elevados nos gomos retidos do que nos abortados, o que tornou as plantas com gomos retidos mais competitivas na absorção de nutrientes (pela raiz) para o crescimento e desenvolvimento. No geral, o tratamento combinado de frio e GA3 melhorou o crescimento e o desenvolvimento da planta, particularmente o brotamento, o crescimento e a floração.

Palavras-chave: Aborto do rebento; Arrefecimento; Hormona; Açúcar; Peónia

Introdução

As peónias arbóreas (*Paeonia suffruticosa* Andr.) são utilizadas como plantas ornamentais por razões comerciais, sociais, económicas e culturais. Em condições normais, a produção de flores nas peónias arbóreas é impulsionada pelo novo crescimento sazonal (Wang et al., 1998) e a floração requer exposição a um período frio. Os botões florais crescem em coroas perenes no final do verão, seguido de senescência do rebento e dormência do botão. O desenvolvimento dos botões só recomeça após a exposição ao período de frio invernal. O frio é normalmente necessário para a libertação da dormência, antes da floração na primavera, no outono ou mesmo no inverno em condições forçadas (Aoki e Yoshino, 1989).

O recente aumento da procura de flores de peónia cortadas frescas desencadeou a utilização de técnicas de cultivo fora de época, como a forçagem, para aumentar a produção de peónias e satisfazer a procura do mercado. Com uma longa história de cultura de forçagem de peónias de árvores, centenas de milhares de plantas de peónias de árvores são forçadas na China para cumprir o tradicional Festival da primavera do Ano Novo. Vários factores afectam a forçagem da peónia arbórea, incluindo o tratamento e a concentração de GA3, a duração do arrefecimento e a temperatura de forçagem (Fulton et al., 2001; Cheng et al., 2005). Os reguladores de crescimento aumentam significativamente o alongamento do caule, a ramificação e a produção de botões florais. Cheng et al. (2009) observaram que os botões de peónia herbácea respondem eficazmente ao tratamento com GA3 (200 mg·L^{-1}), não só acelerando a germinação e o crescimento dos botões, mas também encurtando significativamente o período de floração.

O aborto de órgãos florais é um problema comum no cultivo de peónias arbóreas (especialmente em cultura forçada) e limita significativamente a produção de flores (Evans et al., 1990). O aborto de botões florais, flores e frutos é um importante fator limitante da produção em muitas plantas, incluindo as peónias. O aborto é a cessação do crescimento dos órgãos e do desenvolvimento da planta, geralmente seguido de abscisão a meio do desenvolvimento de um órgão (Wubs et al., 2009). O aborto de botões florais ocorre devido à transferência limitada de assimilados para os ápices dos botões na fase inicial do desenvolvimento do rebento (Khayat e Zieslin, 1986). Os botões florais da peónia arbórea abortam frequentemente dentro de duas semanas após a antese, ou seja, na fase de extensão do rebento (Cheng et al., 2001).

As peónias arbóreas deixam cair as suas partes vegetativas no outono e entram em dormência no inverno. As reservas armazenadas são necessárias na primavera seguinte para fornecer energia para o crescimento e desenvolvimento dos rebentos. De acordo com Katovich et al. (1998), qualquer fator que perturbe a produção e o armazenamento de hidratos de carbono nas raízes e coroas de *Lythrum salicaria* afecta a sobrevivência das plantas de um ano para o outro. O GA3 pode ser considerado como um dos factores que regula a produção e a translocação de açúcar nas plantas, influenciando eventualmente o crescimento e o desenvolvimento das plantas. Halevy et al. (2002) observaram que 250 mL de 100 $mg \cdot L^{-1}$ GA3 em plantas em vasos refrigeradas por 10-13 semanas a 2^0 C é o ideal. Cheng et al. (2005) observaram que a pulverização de coroas da cv. 'Dafugui' com 100-150 $mg \cdot L^{-1}$ GA3 refrigeradas a 4° C acelera significativamente a germinação de botões, a emergência de rebentos e a taxa de floração. Cheng et al. (2009) observou ainda que o GA3 promove a floração em peónias com uma concentração forçada óptima de 200 $mg \cdot L^{-1}$. Isto sugere que não existe uma compreensão conclusiva dos efeitos do GA3 e dos níveis de arrefecimento no desenvolvimento da flor em peónias arbóreas. Portanto, este estudo determinou o efeito do tratamento combinado de arrefecimento e GA3 nos níveis de hormonas, açúcar e aborto na peónia de árvore 'Luoyanghong'.

Materiais e métodos

Materiais vegetais e conceção experimental

A experiência foi realizada nas épocas de cultivo de 2010-2011 na Estação Experimental da Universidade Florestal de Pequim, na China. Foi utilizada a 'Luoyanghong', uma das cultivares mais populares de peónia arbórea cultivada por forçagem na China. Foram selecionadas para envasamento plantas de peónia arbórea vigorosas e saudáveis com pelo menos oito botões bem desenvolvidos. Antes do envasamento, 150 plantas de peónia arbórea foram fumigadas com 500 mg·L^{-1} de fungicida. Os dois índices de refrigeração utilizados em condições de estufa incluíram tratamentos envasados (envasados antes da refrigeração) e não envasados (envasados após a refrigeração). O período de armazenamento no frio foi de 4 semanas (15 de novembro a 14 de dezembro de 2010 e depois 13 de novembro a 12 de dezembro de 2011) a uma temperatura de 0-4^0 C. O envasamento foi feito em vasos de plástico de 25 cm × 25 cm contendo solo húmus, perlite e vermiculite numa proporção de volume de 3:1:1. Em seguida, as plantas de ambos os tratamentos de resfriamento foram encharcadas com 250 mL de 0 e 200 mg·L^{-1} GA3 (Shanghai Tongrui Bio-technology Co. Ltd.) e transferidas para uma estufa aquecida para forçar. O forçamento foi feito a temperaturas médias diárias de 10-18 0C (mínimo de 4-12 0C e máximo de 15-28 0Q e humidade relativa média de 55%-75%.

O experimento foi um delineamento em blocos completos casualizados com três repetições e quatro níveis de tratamento com GA3 (resfriamento em vaso com 200 mg·L^{-1} , em vaso com 0 mg·L^{-1} , sem vaso com 200 mg·L^{-1} e sem vaso com 0 mg·L^{-1}) dispostos em uma longa fileira de culturas composta por quatro parcelas de tratamento com dez plantas por parcela. A disposição das plantas permitiu a eliminação dos efeitos de sombra mútua, o que, por sua vez, permitiu a observação do crescimento e desenvolvimento dos botões.

Experiência de forçagem e recolha de amostras

A experiência de forçagem foi realizada durante o inverno numa estufa aquecida na Estação Experimental de Miyun da Universidade Florestal de Pequim, de meados de novembro a finais de

78

janeiro de 2010 e 2011. Foram recolhidas amostras de gomos antes do tratamento de refrigeração,

após o tratamento de refrigeração e nas fases de desenvolvimento dos gomos I, II e III (Fig. 1), que

ocorreram após a libertação da dormência (Cheng etal., 2001).

Figura 1: Fases de desenvolvimento do botão da peónia arbórea 'Luoyanghong' I, inchaço do botão; II,
brotamento do botão; III, emergência do rebento; IV, alongamento do rebento; V, extensão do folheto; VI,
aumento do botão floral; VII, abertura do botão floral; VIII, floração (Cheng et al., 2001)

Pelo menos 10 botões apicais foram recolhidos aleatoriamente como amostra. A amostra também foi

recolhida na fase de alargamento dos botões florais (fase VI), uma fase de desenvolvimento em que

normalmente ocorre o aborto de botões associados à planta (Cheng et al., 2001). Além disso, foram

também recolhidas amostras de botões retidos e abortados para análise posterior. Em cada data de

amostragem, foram registados os parâmetros de crescimento, como a data de brotamento dos botões,

o tamanho dos botões, a data de floração, a taxa de aborto, a taxa de floração (número de

flores/número total de botões), o tamanho das flores, etc.

As amostras de botões foram colhidas e lavadas em água destilada, colocadas numa caixa de gelo,

mergulhadas em azoto líquido e armazenadas a -80^0 C até à sua utilização.

Extração e análise de hormonas e açúcares

Com ligeiras modificações, a extração das hormonas endógenas foi feita como descrito por Chen et al. (1991). Os níveis de ABA, IAA e GA3 foram determinados usando brotos frescos (0,5 g). Os tecidos foram triturados em 10 mL de metanol 80% frio com cobre e transferidos para um tubo de ensaio. Cerca de 20 mg de polivinilpirrolidona (PVP) foram adicionados ao homogenato, bem misturados durante 10 min e depois incubados durante a noite a 4° C. O sobrenadante foi transferido para um tubo de ensaio de 10 mL e centrifugado a 6 000 r·min^{-1} durante 20 min. O resíduo foi re-extraído com 2 mL de metanol frio durante 12 h e depois novamente centrifugado. Os extractos combinados, após a adição de 2-3 gotas de NH3, foram evaporados (a 35-40 oc) utilizando um evaporador rotativo. Posteriormente, a fase aquosa foi dissolvida em água destilada e ajustada para pH 2,5-3,0 com 1 mol · L^{-1} HCl e depois extraída três vezes com acetato de etilo. A fração combinada de acetato de etilo foi novamente condensada até à secura. O resíduo foi dissolvido em metanol aquoso a 80% e purificado através de uma coluna C18, depois o eluído foi evaporado até à secura. O resíduo foi dissolvido em metanol e seco sob N2. Os extractos purificados foram dissolvidos em metanol a 50%, filtrados através de uma membrana de 45 μm e submetidos a Cromatografia Líquida de Alta Eficiência (HPLC). A análise hormonal foi efectuada num Agilent HP 1100 assistido por computador (Agilent Technologies, CA, EUA). As condições da HPLC foram as seguintes: Coluna ZORBAX RX-C8 (250 mm × 4,6 mm); fase móvel (3% de metanol e 97% de ácido acético 0,1 mol·L^{-1} para determinação de IAA, GA3 e ABA) após filtração através de uma membrana filtrante de 0,45 μm; comprimento de onda de deteção dos diferentes hormônios (IAA = 280 nm, ABA = 260 nm, GA3 = 210 nm), e 10 μL injetados a um fluxo de 1 mL·min^{-1} . As hormonas foram quantificadas comparando a área do pico das amostras com as das amostras padrão (Sigma Chemical Co., EUA).

Medição do açúcar solúvel

O material fresco do botão (1,0 g) foi moído em 20 mL de água destilada e extraído em banho-maria a 80^0 C durante 30 min. A suspensão foi centrifugada por 10 min a 6 000 r·min^{-1} . O

sobrenadante foi utilizado para determinar a sacarose e os açúcares redutores, e o sedimento foi

utilizado para determinar o amido. Os açúcares redutores foram determinados colorimetricamente

com ácido dinitrosalicílico. A sacarose e o amido foram determinados pelo método colorimétrico

da antrona, modificado para a determinação dos açúcares não redutores (Xue e Xia, 1985). A

absorvância foi então determinada utilizando um espetrofotómetro (TU-1901).

Análise estatística

As análises estatísticas foram efectuadas utilizando o Statistical Analysis System (SAS). Os

valores médios das hormonas e dos hidratos de carbono para cada fase de desenvolvimento dos

gomos foram utilizados numa análise Oneway ANOVA $aP < 0,05$ e $n = 10$, a partir da qual os

erros padrão *(SE)* foram

determinado.

Resultados

Retenção e aborto de botões de flores

As taxas de floração e aborto foram influenciadas pelos tratamentos combinados de resfriamento e

GA3. Houve uma diferença significativa na taxa de floração entre os tratamentos de resfriamento

em vaso (21%) e sem vaso (58%) com 200 mg·L^{-1} GA3. A taxa de aborto no tratamento sem vaso

(42%) foi menor do que no tratamento em vaso (79%) com 200 mg·L^{-1} GA3. O diâmetro do botão

floral aumentou com o aumento do período de crescimento. Houve diferenças significativas nos

diâmetros das flores, taxa de floração e taxa de aborto entre plantas tratadas com 0 e 200 mg·L^{-1}

GA3. Não houve diferença significativa entre o tratamento de resfriamento em vaso e sem vaso a 200

mg·L^{-1} GA3 para o diâmetro do botão floral, apenas que o tratamento de resfriamento sem vaso a

200 mg·L^{-1} GA3 foi melhor do que o tratamento de resfriamento em vaso. Também houve uma

diferença significativa nos dias de floração entre o tratamento combinado de refrigeração e GA3 em vaso e sem vaso, com o tratamento de refrigeração sem vaso a florescer mais cedo do que o tratamento em vaso (Quadro 1, Fig. 2).

Quadro 1: Efeito do tratamento combinado de arrefecimento e GA3 nas caraterísticas florais e taxas de aborto da peónia arbórea 'Luoyanghong' em condições de forçagem

Chilling treatment	GA₃/(mg·L⁻¹)	Flower bud diameter/mm			Flower diameter /cm	Days to flowering/ d	Flowering rate/%	Abortion rate/%
		Stage IV	Stage V	Stage VI				
Potted	0	7.5±1.1b	10.8±1.1b	21.1±1.3b	7.8±0.5 b	44.5a	4 c	96a
	200	9.3±1.0a	11.4±1.2a	22.6±1.1a	11.2±0.6a	42.0b	21b	79b
Non-potted	0	7.3±0.7b	11.2±1.2b	18.3±1.2c	8.1±0.6 b	41.5b	6c	94a
	200	10.2±1.2a	12.5±1.1a	23.1±0.8a	11.5±0.4 a	39.0c	58a	42c

Nota: as médias com letras diferentes na coluna são significativamente diferentes a $P < 0,05$.

Figura 2: Imagens fenotípicas que mostram a fase de floração da peónia arbórea 'Luoyanghong' A, 200 mg·L⁻¹ GA3 sem vaso; B, 200 mg·L⁻¹ GA3 em vaso; C, 0 mg·L⁻¹ GA3 sem vaso; D, 0 mg·L⁻¹ GA3 em vaso. A seta indica o número de flores

Conteúdo hormonal do botão de flor

Os padrões de mudança nos níveis de GA3 em plantas resfriadas em vasos e não envasadas foram quase semelhantes para todos os tratamentos (Tabela 2). Embora o nível de GA3 tenha sido menor

82

antes do resfriamento (BC), ele geralmente aumentou após o resfriamento e continuou a aumentar depois. No entanto, houve uma diferença significativa no nível de GA3 entre plantas de resfriamento não envasadas e envasadas com tratamento de 200 mg·L^{-1} GA3 no estágio após o resfriamento (AC). Além disso, foi observada uma queda substancial nos níveis de ABA em estágios com aumento de GA3 em plantas de resfriamento envasadas e não envasadas com ou sem tratamento com GA3. Curiosamente, à medida que as fases de crescimento avançavam para a fase de floração, o nível de ABA diminuía. Em geral, o nível de IAA era mais alto antes do tratamento de resfriamento (BC), mas caiu ligeiramente após o resfriamento (AC) e continuou caindo ao longo dos estágios de crescimento (Tabela 2). Além disso, os conteúdos de IAA e GA3 foram significativamente mais elevados nos botões retidos do que nos abortados (Quadro 3). No entanto, o inverso foi o caso para o conteúdo de ABA em gomos de plantas de resfriamento envasadas e não envasadas com ou sem tratamento com GA3.

Quadro 2: Efeito do tratamento combinado de arrefecimento e GA₃ no teor de hormonas durante o crescimento dos gomos fases da peónia arbórea "Luoyanghong

Chilling treatment	GA_3/(mg·L^{-1})	Growth stage	IAA/(μg·g^{-1} FW)	ABA/(μg·g^{-1} FW)	GA_3/(μg·g^{-1} FW)
Potted	0	Before chilling	0.85±0.3a	1.35±0.2b	0.54±0.5c
		After chilling	0.83±0.5a	0.94±0.3a	1.27±0.5b
		Stage I	0.81±0.6a	0.81±0.3a	1.31±0.5b
		Stage II	0.76±0.4b	0.76±0.2b	0.97±0.5a
		Stage III	0.84±0.6b	0.79±0.4c	1.03±0.6a
	200	Before chilling	0.91±0.4b	1.22±0.6a	0.50±0.3c
		After chilling	0.81±0.6a	0.87±0.3a	0.92±0.5b
		Stage I	0.83±0.6b	0.67±0.6c	1.35±0.4a
		Stage II	0.83±0.5b	0.65±0.6c	1.27±0.5a
		Stage III	0.78±0.4b	0.62±0.4c	1.43±0.3a
Non-potted	0	Before chilling	0.92±0.5b	1.20±0.4a	0.65±0.6c
		After chilling	0.91±0.4a	0.87±0.5b	1.00±0.3a
		Stage I	0.94±0.7a	0.76±0.5b	1.09±0.6a
		Stage II	0.88±0.4b	0.74±0.5c	1.07±0.7a
		Stage III	0.86±0.4b	0.72±0.5c	1.08±0.5a
	200	Before chilling	1.02±0.4a	0.98±0.5b	0.61±0.5c
		After chilling	0.98±0.4b	0.79±0.5c	1.22±0.5a
		Stage I	1.00±0.6a	0.72±0.5c	1.36±0.4a
		Stage II	0.87±0.6b	0.67±0.5c	1.12±0.4a
		Stage III	0.88±0.4b	0.60±0.3c	1.42±0.7a

Nota: Médias com letras diferentes dentro da linha para resfriamento combinado (0-4⁰ C) com tratamento GA3 são significativamente diferentes a $P < 0,05$. Estágio I, inchaço do broto; Estágio II, brotamento do broto; Estágio III, emergência do broto.

Quadro 3: Efeito do tratamento combinado de arrefecimento e GA3 nos teores de hormonas nos botões retidos e abortados da peónia arbórea 'Luoyanghong

Chilling treatment	$GA_3/(mg·L^{-1})$	Bud type	$IAA/(\mu g·g^{-1} FW)$	$ABA/(\mu g·g^{-1} FW)$	$GA_3/(\mu g·g^{-1} FW)$
Potted	0	Retained	0.81±0.5a	0.43±0.5b	0.97±0.7a
		Aborted	0.32±0.5b	0.91±0.4a	0.54±0.7b
	200	Retained	0.99±0.6a	0.47±0.5b	1.02±0.6a
		Aborted	0.38±0.5b	0.97±0.4a	0.57±0.5b
Non-potted	0	Retained	1.15±0.6a	0.49±0.4b	1.23±0.5a
		Aborted	0.43±0.8b	1.21±0.6a	0.58±0.5b
	200	Retained	1.03±0.8a	0.59±0.6b	1.54±0.7a
		Aborted	0.68±0.5b	0.95±0.5a	0.63±0.6b

Nota: As médias com letras diferentes para cada coluna de tratamento de resfriamento são significativamente diferentes a P <0,05.

Teor de açúcar do rebento retido e abortado

O conteúdo de sacarose e açúcar redutor (glicose e frutose) foi significativamente ($P < 0,05$) maior em gemas retidas do que em gemas abortadas, mas insignificante em gemas de plantas envasadas e não envasadas tratadas com 0 e 200 $mg·L^{-1}$ GA3. Os teores de sacarose e açúcar redutor em gemas retidas de plantas não envasadas com 200 mg·L^{-1} GA3 tratamento foram ligeiramente superiores aos das plantas envasadas. No geral, os teores de sacarose em gemas retidas e abortadas foram maiores do que os de açúcar redutor (Tabela 4).

Quadro 4: Efeito do tratamento combinado de arrefecimento e GA3 nos teores de açúcares nas plantas retidas e

botões abortados de "Luoyanghong".

Chilling treatment	$GA_3/(mg \cdot L^{-1})$	Bud type	Sucrose/($mg \cdot L^{-1}$ FW)	Reducing sugar/($mg \cdot L^{-1}$ FW)
Potted	0	Retained bud	7.8±0.6a	5.9±0.5a
		Aborted bud	3.4±0.4b	3.3±0.7b
	200	Retained bud	8.2±0.7a	6.7±0.7a
		Aborted bud	4.7±0.5b	3.5±0.6b
Non-potted	0	Retained bud	8.0±0.5a	6.1±0.6a
		Aborted bud	4.3±0.9b	3.6±0.6b
	200	Retained bud	8.7±0.6a	6.9±0.7a
		Aborted bud	4.3±0.7b	3.2±0.8b

Nota: As médias com letras diferentes na coluna para o tratamento de arrefecimento são significativamente diferentes

a $P < 0,05$.

Discussões

Arrefecimento, GA3 e Floração

Embora os botões da peónia arbórea 'Luoyanghong' nos tratamentos de arrefecimento em vaso e sem vaso, em condições de estufa, tenham atingido o inchaço dos botões (fase I) ao mesmo tempo, a taxa de floração foi influenciada pelos tratamentos de arrefecimento e GA3. O tratamento combinado de refrigeração e GA3 aumentou a taxa de floração e reduziu a taxa de aborto. Plantas não envasadas com tratamento de 200 mg·L^{-1} GA3 produziram o maior número de flores, enquanto plantas envasadas com 0 mg·L^{-1} GA3 produziram o menor (Tabela 1). Com o tratamento de 200 mg·L^{-1} GA3, a taxa de aborto foi menor nos tratamentos de resfriamento não envasados do que nos envasados. Os resultados demonstraram que, embora o tratamento de resfriamento antes do envasamento tenha aumentado a taxa de floração (especialmente com 200 mg·L^{-1} GA3), ele reduziu a taxa de aborto. Embora o sinal de baixa temperatura seja frequentemente percebido pelo ápice do rebento, o ápice da raiz nua também pode ter sido sensível, pois todas as partes das plantas responderam ao sinal de temperatura (Bernier et al., 1993).

Este arrefecimento melhorado assegura suficientemente o desenvolvimento sem restrições do rebento e do botão floral e a floração em plantas de arrefecimento sem vaso do que em vaso (Fulton et al., 2001). A peónia arbórea produz um único botão para o desenvolvimento do rebento, das folhas e da flor. Provavelmente ambos os ápices da raiz e do rebento responderam ao sinal da temperatura fria que foi suficiente para reduzir o ABA, aumentar o GA3, IAA e os níveis de açúcar.

Plantas com resfriamento em vaso com 0 e 200 mg·L^{-1} O tratamento com GA3 teve 44,5 e 42 dias para 50% de floração, enquanto as plantas sem resfriamento em vaso tiveram 41,5 e 39,0 dias para 50% de floração, respetivamente, indicando uma influência positiva do resfriamento sem vaso na floração.

Dormência e aborto de botões florais

Foi observada uma relação funcional aparente entre os níveis de GA3 e ABA nos gomos da peónia arbórea 'Luoyanghong'. Os níveis de GA3 dos gomos nos tratamentos de arrefecimento em vaso e sem vaso aumentaram drasticamente após o arrefecimento e na fase de inchamento dos gomos (fase I). Em contraste com o GA3, no entanto, os níveis de ABA diminuíram acentuadamente nas duas fases. Os resultados indicaram que o arrefecimento com tratamento GA3 influenciou o conteúdo hormonal nos botões de peónia arbórea. O nível de GA3 aumentou tanto nas plantas não envasadas como nas envasadas após o tratamento de refrigeração. O tratamento de arrefecimento em plantas não envasadas com 200 mg·L^{-1} GA3 respondeu mais rapidamente à absorção ou acumulação de GA3 do que em plantas envasadas. Isso também pode ser o principal fator das altas taxas de floração e baixas taxas de aborto em plantas de resfriamento não envasadas com 200 mg·L^{-1} tratamento com GA3 (Cheng et al., 2005; Qin et al., 2009). Com o aumento do estágio de crescimento, a relação entre GA3 e ABA tornou-se cada vez mais inversa. De um modo geral, foram observadas diferenças significativas nos níveis de GA3 e ABA nos gomos da peónia arbórea 'Luoyanghong' ao longo dos estádios de crescimento. Níveis mais elevados de GA3 nos estádios de desenvolvimento coincidiram geralmente com níveis mais baixos de ABA e vice-versa (Quadro 3). Isto foi especialmente óbvio nas fases que vão desde o inchamento do botão (fase I) até ao desenvolvimento do botão (fase VI). Isto sugeriu ainda que o ABA e o GA3 eram críticos tanto para o desenvolvimento/libertação da dormência como para o aborto dos botões florais. Isto porque a diferença nos níveis de ambas as hormonas ocorreu nas fases associadas ao desenvolvimento/libertação da dormência dos gomos e ao aborto dos gomos florais nas peónias arbóreas (Cheng et al., 2001). Os níveis de ABA foram ligeiramente reduzidos à medida que as fases de crescimento progrediam, tanto no tratamento de arrefecimento em vaso como no tratamento de arrefecimento sem vaso. Além disso, o aumento dos níveis de GA3 e IAA nas fases de inchamento do botão e alongamento do rebento (particularmente em não envasado com 200 mg·L^{-1} GA3 tratamento) provavelmente fortaleceu a capacidade competitiva das raízes para absorver nutrientes para apoiar o crescimento da planta e o desenvolvimento do botão (Koutinas et al., 2010), reduzindo assim a taxa de aborto.

Dinâmica de Hormonas e Açúcar no Botão Floral

O tratamento combinado de refrigeração e GA3 influenciou o conteúdo de hormonas e açúcares em botões florais retidos e abortados. O efeito foi mais óbvio em plantas de resfriamento não envasadas com 200 mg·L^{-1} Tratamento GA3. Comparativamente, o nível de ABA foi menor nos botões retidos do que nos abortados. Em contraste, os níveis de IAA e GA3 foram significativamente maiores em gemas retidas do que em gemas abortadas. Isto sugere que existe uma relação inversa entre ABA e a acumulação de IAA ou GA3 na peónia arbórea. O aumento significativo do nível de IAA nos botões retidos provavelmente aumentou o fornecimento de nutrientes aos botões, o que, por sua vez, apoiou o crescimento e o desenvolvimento dos botões florais. Vários estudos associaram os níveis de IAA à atração de nutrientes (Koutinas et al., 2010). Além disso, o alto nível de GA3 nos botões retidos pode ter induzido a formação de botões florais e a brotação (Cheng et al., 2005). Isso poderia ter levado à alta taxa de floração em plantas de resfriamento não envasadas, especialmente quando tratadas com

200 mg·L^{-1} GA3.

Os níveis de açúcar também foram significativamente mais altos em gemas retidas do que em gemas abortadas. A acumulação de açúcares compensou a redução de ABA no botão, que foi mais óbvia em plantas não envasadas do que em plantas envasadas com 200 mg·L^{-1} GA3. Como as plantas não envasadas com 200 mg·L^{-1} GA3 passaram por um resfriamento antes do envasamento, os ápices de brotos e raízes das plantas provavelmente tiveram o nível de resfriamento necessário para o desenvolvimento bem-sucedido de brotos e botões florais. Isso possivelmente reduziu o ABA, mas aumentou o conteúdo de GA3 para garantir o crescimento irrestrito do broto e a floração a níveis não observados em plantas envasadas. A correlação negativa entre o açúcar dos botões e a acumulação de ABA indicou que as duas composições ocorreram no mesmo local e momento, mas com efeitos opostos durante o desenvolvimento da estrutura da flor na peónia arbórea 'Luoyanghong', o que requer estudos mais aprofundados.

Um nível elevado de ABA tem sido associado à tolerância ao frio nalgumas espécies de plantas sensíveis ao frio (Janowiak et al., 2003). O nível de ABA também aumenta com a diminuição da temperatura (Junttila et al., 2003) e com o stress abiótico (Chen e Li, 1978). Assim, a peónia arbórea 'Luoyanghong' em vaso pode ser mais tolerante ao arrefecimento do que as não envasadas com um tratamento de 200 mg·L^{-1} GA3. Isto possivelmente induziu stress que aumentou o nível de ABA e a taxa de aborto na peónia 'Luoyanghong'. As observações neste estudo são consistentes com as observações em soja submetida a stress por seca (Liu et al., 2003) e grão-de-bico submetido a stress por frio (Nayyr et al., 2005); ambos associaram o aborto de estruturas reprodutivas ao aumento do conteúdo de ABA.

A sacarose e o açúcar redutor (glucose e frutose) foram relativamente mais elevados nos botões retidos do que nos abortados, particularmente em plantas não envasadas tratadas com 200 mg·L^{-1} GA3;

possivelmente outro fator para a baixa taxa de aborto em plantas não envasadas. O aumento do conteúdo de sacarose nos botões retidos não foi surpreendente, pois coincidiu com altos níveis de GA3. O GA3 regula a produção e a translocação de açúcar e, portanto, influencia o crescimento e o desenvolvimento das plantas (El-Agamy et al., 2001). A sacarose é o fornecedor de energia e o carbono esquelético necessário para a síntese de aminoácidos, lípidos e metabolitos para o crescimento das plantas (Katovich et al., 1998). Isso explica ainda mais a alta taxa de floração em plantas não envasadas com tratamento de 200 mg·L^1 GA3. O ABA também modula a transferência de sacarose para e a remoção de partes da planta em desenvolvimento ou sumidouros (Westgate et al., 1996). A este respeito, concluiu-se que o nível de ABA em gemas abortadas possivelmente inibiu a absorção de sacarose e açúcar redutor, enquanto aqueles em gemas retidas promoveram o acúmulo de sacarose. Se os teores de açúcar forem demasiado baixos, particularmente em cultivares sensíveis, então a respiração nocturna esgota os hidratos de carbono reservados dos gomos e provoca o aborto. O açúcar pode servir como fonte de energia ou como nutriente, regula o ABA para evitar o aborto dos gomos (Katovich et al., 1998).

Conclusões

O aborto de botões na peónia arbórea 'Luoyanghong' foi possivelmente causado por ABA elevado induzido pela exposição a condições de frio, que por sua vez inibiu a absorção ou acumulação de açúcar na peónia arbórea. O arrefecimento sem envasamento combinado com 200 mg·L^1 O tratamento com GA3 reduziu o aborto e aumentou a taxa de floração. Foi observada uma relação inversa entre ABA e GA3 nas fases associadas ao desenvolvimento/libertação da dormência dos botões e aborto de botões florais na peónia. Isto sugere que o ABA e o GA3 podem desempenhar um papel significativo no desenvolvimento/libertação da dormência e no aborto do botão floral. Os níveis de GA3, IAA e açúcar foram mais elevados nos botões mantidos do que nos abortados. Isto também pode ter aumentado a capacidade competitiva dos botões florais para absorver nutrientes das raízes para um crescimento e desenvolvimento vigorosos.

Agradecimentos

Este trabalho foi financiado pelo Projeto Nacional de Apoio à Ciência e Tecnologia da China (Subvenção n.º 2012BAD01B0704) e pelos Governos da Serra Leoa e da República Popular da China através do Programa do Conselho Chinês de Bolsas de Estudo (CSC) (n.º 2007694T10). Os autores agradecem ao Sr. Augustine Mansaray do Instituto de Investigação Agrícola da Serra Leoa (SLARI) pela valiosa contribuição durante a análise dos dados.

Referências

Aoki N. e Yoshino S. 1989. Estudos sobre o forçamento da peónia arbórea (*Paeonia suffruticosa* Andr.). Bull Fac Agr Shimane University, **23**: 216-221.

Bernier G., Havelange A., Houssa C., Petitjean A. e Lejeune P. 1993. Sinais fisiológicos que induzem a floração. The Plant Cell, **5**: 1147-1155.

Chen H.H. e Li P.H. 1978. Interação entre a temperatura, o stress hídrico e os dias curtos na indução da resistência à geada do caule em dogwood red-osier. *Plant Physiology*, **62**, 833-835.

Chen H.J., Wang T.H. e Jin Y. 1991. Determinação da quantidade de AIAA em plantas usando o método GC-MS-SIM. Beijing Forestry University Press, **13**: 56-61.

Cheng F.Y., Aoki N., e Liu Z.A. 2001. Desenvolvimento de peónia forçada e estudo comparativo do efeito de pré-refrigeração em cultivares chinesas e japonesas. Journal of the Japanese Society forHorticultural Science, **70**: 46-53.

Cheng F.Y., Zhang W.J., Yu X.N., Chai X.L. e Yu, R.Q. 2005. Efeitos das giberelinas e do pó de enraizamento na cultura forçada de *Paeonia lactiflora* 'Da Fugui'. Ata Hort Sin, **32**: 1129-1132. (em chinês)

Cheng F.Y., Zhong Y., Long F., Yu X.N. e Kamenetsky, R. 2009. Peónias herbáceas chinesas: seleção de cultivares para forçar a cultura e efeitos do arrefecimento e da giberelina (GA3) no desenvolvimento das plantas. Israel Journal ofPlant Sciences, **57**: 357-367.

El-Agamy S.Z., Mohamend A.K.A., Mostafa F.M.A. e Abdalla A.Y. 2001. Efeito do GA3, da cianamida hidrogenada e da decapitação no abrolhamento e na floração de duas cultivares de macieira sob o clima quente do sul do Egito. Ata Hort, **565**: 109-114.

Evans M.R., Anderson N.O., e Wilkins H.F. 1990. Efeitos da temperatura e do GA3 na emergência e floração de *Paonia lactiflora* em vaso. HortScience, **25**: 923-924.

Fulton T.A., Hall A.J. e Catley J.L. 2001. Requisitos de arrefecimento de cultivares *de Peaonia*. ScientiaHorticulturae, **89**: 237-248.

Halevy A.H., Levi M., Cohen M. e Naor V. 2002. Avaliação de métodos para o avanço da floração de peónias herbáceas. HortScience, **37**: 885-889.

Janowiak F., Luck E. e Dorffling K. 2003. A tolerância ao arrefecimento das plântulas de milho no campo durante os períodos frios da primavera está relacionada com o aumento do nível de ácido abscísico induzido pelo arrefecimento. Journal of Agronomy and Crop Science, **189**: 156-161.

Junttila O., Nilsen J. e Igeland B. 2003. Efeito da temperatura na indução da dormência dos gomos em ecotipos de *Betulapubescens* e *Betulapentandra*. Scand J Forest Res, **18**: 208-217.

Katovich E. J.S., Becker R.L., Sheaffer C.C. e Halgerson J. L. 1998. Flutuações sazonais dos níveis de hidratos de carbono nas raízes e na coroa da loosestrife roxa (*Lythrum salicaria*). Weed Science, **46**: 540-544.

Khayat E. e Zieslin N. 1986. Effect of different night temperature regimes on the assimilation transport and metabolism of carbon in rose plants. Physiologia Plantarum, **67**: 608-613.

Koutinas N., Pepelyankov G. e Lichhev V. 2010. Indução floral e desenvolvimento de botões florais em macieira e cerejeira doce. Biotecnologia e Equipamentos Biotecnológicos, **24**: 1549-1558.

Liu F., Andersen M.N. e Jensen C.R. 2003. A perda de formação de vagens causada pelo stress da seca está associada ao estado da água e ao teor de ABA das estruturas reprodutivas da soja. Func Plant Biol, **30**: 271-280.

Nayyar H., Bains T. e Kumar S. 2005. Aborto floral induzido por baixas temperaturas em chicpea: relação com o ácido abscísico e os crioprotectores nos órgãos reprodutores. Environmental and Experimental Botany, **53**: 39-47.

Qin D., Wang J.Z., Guo J.M. e Zhai H. 2009. A relação entre as hormonas endógenas e a germinação tardia em gomos de maçã avrolles. Agricultural Science of China, **8**: 564-571.

Wang L.Y., Qin K.J, Wu J.M. e Yu, H. 1998. Peónia arbórea chinesa. 1ª ed., China Forestry Publishing House, Pequim, China. China Forestry Publishing House, Pequim, China.

Westgate M.E., Passioura J.B. e Munns R. 1996. Water status and ABA content of floral organs in drought stress wheat. Australian Journal of Plant Physiology, **23**: 763772.

Wubs A.M., Heuvelink E. e Marcelis L.F.M. 2009. Aborto de órgãos reprodutivos em pimentão (*Capsicum annuum* L.). Journal ofHorticultural Science and Biotechnology, **84**: 467-475.

Xue Y.L. e Xia Z.A. 1985. The handbook of plant physiology. 1.ª ed. Shanghai 365 Technology and Science Publishing House Press, Shanghai

Printed by Books on Demand GmbH, Norderstedt / Germany